心理罪 I

拽住情绪失控的缰绳

庞向前 / 著

中国华侨出版社
·北京·

图书在版编目（CIP）数据

心理罪．Ⅰ，拽住情绪失控的缰绳／庞向前著．—北京：中国华侨出版社，2018.7
ISBN 978-7-5113-7620-6

Ⅰ．①心… Ⅱ．①庞… Ⅲ．①情绪—自我控制—通俗读物 Ⅳ．①B84-49

中国版本图书馆CIP数据核字（2018）044430号

● 心理罪．Ⅰ，拽住情绪失控的缰绳

著　　者／庞向前
责任编辑／高文喆　赵秀村
封面设计／朱晓艳
经　　销／新华书店
开　　本／710毫米×1000毫米　1/16　印张/16　字数/210千字
印　　刷／北京一鑫印务有限责任公司
版　　次／2018年7月第1版　2019年8月第2次印刷
书　　号／ISBN 978-7-5113-7620-6
定　　价／39.80元

中国华侨出版社　北京市朝阳区静安里26号通成达大厦3层　邮编100028
法律顾问：陈鹰律师事务所
编辑部：（010）64443056　　64443979
发行部：（010）64443051　　传真：64439708
网　　址：www.oveaschin.com
E-mail：oveaschin@sina.com

前 言

每个人都有自己的情绪形态与模式，情绪高涨时，肆意释放，会影响人际关系；不释放，长期压抑又会损害自己的身心。也就是说，无论你是哪一种情绪形态，都要有一个控制的尺度。尤其是对涉世不深的年轻人来说，学会控制情绪非常必要。因为你的生活状态，与你如何对待情绪密切相关。

我们都深有体会，当自己情绪状态不佳时，甚至连一些鸡毛蒜皮的小事都处理不好，这是因为情绪失控所产生的冲击波会造成三个破坏效果：

首先，它会冲击你的智商，你根本无法理性地从正常角度看问题，冲动之下很容易做出许多让自己懊恼不已的傻事。

其次，它会击垮你的情商，让你做出一些伤害他人情感又不是自己主观意愿的行为。几乎所有朋友反目、兄弟阋墙的悲剧，都有着某方或双方情绪失控而相爱相杀的情节。

最后，也是最重要的，它会极大降低你的成功率。很多事情，原本已经水到渠成可以圆满收场了，谁知你一时按捺不住性子，亲手摧毁了辛辛苦苦的努力成果，待情绪平复以后，则悔之晚矣。

所以，你必须学会以旷达的心胸来处理你的情绪，就像敦珠仁波切所说的那样:"要像一个年老的智者,看着小孩子玩耍。"

当你的态度改变以后,心会改变,思想和情绪的性质也会改变,甚至你的人生也会改变。当你变得越来越淡定从容、随和可亲时,人也会变得越成熟、可爱;如果你不再觉得它有什么问题,它也不会再来找你麻烦。

因此,无论你受到什么刺激、产生了怎样的情绪,都不要随它一起惊起,不要紧抓它、纵容它;不要执着,不要让它具体化。不要随着情绪跑,也不要太过压抑它;要像大海看着它自己的波浪,或像天空俯视它身下飘过的云彩一般。

当你修炼到这层境界以后,你的整个世界都会明媚开朗起来。

本书选择抑郁、焦虑、暴躁、恐惧、自卑、偏执、痛苦等生活中时刻出现的消极情绪,以实用、亲切的情绪调节技巧依次审视,各个击破,从而拽住情绪失控的缰绳,让你彻底回归理性,让你的心境像大海一样深邃、宽阔。

目录

CHAPTER 01　知·情绪
情商高的人，才是我们值得效仿的

为什么说，智商高不如情商好 / 2
学会控制情绪，方能控制人生走向 / 4
情绪管理需以情绪认知为前提 / 6
自省，剖开真实的内心 / 8
纠正认知偏见，摆脱不良惯性思维 / 10
合理宣泄，释放你的负面情绪 / 14
不要让外界干扰，打乱生活的阵脚 / 16
佛系一点，不太在意便不失意 / 18
情绪的困扰，只能自己来解脱 / 20

CHAPTER 02　阴·情绪
抑郁，正在悄悄吞噬我们的幸福

别让忧伤成为生活的主旋律 / 24
要强是好事，太要强便成了坏事 / 26
拿什么拯救你，职场抑郁症 / 28

小心，微笑原来也扎心 / 31
你不能一直内疚 / 33
其实，你从来没有被谁抛弃过 / 35
孤单不可怕，可怕的是孤独 / 38
将过去终止，你才能够重新开始 / 40
请以开放的心，与这个世界达成和解 / 42
过好你生命中的每一天 / 45

CHAPTER 03 乱·情绪
因为焦虑，我们忍不住一再折磨自己

压力，总是让人焦头烂额 / 48
世界不压抑，是你太焦虑 / 49
万事挂怀，怎能不焦躁不安 / 52
你只看到了危机，却没有看到转机 / 54
就业不难，前途其实就在你心里 / 56
摆正心态，你的爱情总不会太远 / 58
生活中的小事，没必要去较真 / 61
我们要学着将心灵的杂草铲除 / 62

CHAPTER 04 躁·情绪
好好看看吧，镜子里那个暴跳如雷的自己

心里有火，焚不了天却能焚自己 / 66
坏脾气总会让人付出代价 / 68
冲动过后，常常是追悔莫及 / 71
生气是愚蠢的行为 / 73

怒火太过，就是罪过 / 76
做那个"怨怒循环"的终结者 / 78
没有实力，与其生气不如争气 / 81
不理智，无以成大事 / 83
是可忍，孰也可以忍 / 85

CHAPTER 05
惧·情绪
这些年，你到底都在害怕些什么？

恐惧，只不过是我们的无知 / 90
因恐而拒，常与机会失之交臂 / 92
因为逃避，我们才与富贵无缘 / 95
不可能，只是你的借口而已 / 97
打败你的常常是"退堂鼓" / 99
现在，你必须直面内心的"魔鬼" / 101
大胆地走到人群中去 / 103
异性，没有你想象的那么可怕 / 106

CHAPTER 06
卑·情绪
别人看你挺好，你却总是看低自己

自卑，让我们毫无生气 / 110
越自怜，越不能从泥潭中自拔 / 112
你生命的缺陷，不该成为堕落的借口 / 115
接受并欣赏自己的不完美 / 118
贫穷只是状态，不应成为心态 / 121
你无须为他人的评论而自卑 / 123

所有人都质疑你，你也要信自己 / 126
从现在开始，真心喜欢你自己 / 129
让心完美，你就是最美的 / 131
别用挑剔的目光审查这个世界 / 134
学会接受，更要学会适应 / 136
去努力争取，而不是抱怨不公 / 138

CHAPTER 07 执·情绪
执念可以成全你，也能轻松毁掉你

偏执容易把人生打成死结 / 142
错的还坚持，就叫固执 / 144
适当放弃，是量力而行的睿智 / 146
妥协，是退一步而进两步 / 149
求全责备的生活不会快乐 / 151
不要把自己强行困在回忆中 / 155
学会忘记，也就收获了幸福 / 157
失恋这事，还是让它早些过去吧 / 159
那些迫不得已的分离，请释怀 / 161

CHAPTER 08 苦·情绪
你的悲观，远比坏事本身更糟糕

生活也许不好，但也没那么糟 / 164
乐不在外，而在心 / 166
你心坚强，世界也坚强 / 168
苦难过后，就是生命的强壮 / 170

只要不服输，总有赢的时候 / 173
其实幸福就在转念间 / 175
带着希望上路 / 178
笑给自己听并不是一件难事 / 181
不好过的时候，把药裹进糖里 / 184

CHAPTER 09 怨·情绪
怨念，轻易扯断牵连幸运的线

善于宽恕就是与己为善 / 188
不要在伤痕里执迷不悟 / 191
对背叛你的人说声谢谢 / 193
送人以缎带，忘记彼此的不自在 / 196
抱怨是往自己的鞋子里倒水 / 198
把抱怨情绪化为上进的力量 / 200

CHAPTER 10 疑·情绪
猜疑有如蝙蝠，永远飞在黄昏里

世界没你想的那么黑暗 / 204
别让猜疑毁了人际关系 / 206
根本没有人要害你 / 209
不相疑才能长相知 / 212
不要给你的爱人戴上锁链 / 215
当心手机变成了手雷 / 218
不要试图去考验爱人的真心 / 221

CHAPTER 11 妒·情绪
妒忌引起恶毒，恶毒又再度引起抑郁

为什么见不得别人比你好 / 224

忌妒，是无能者的愤怒 / 226

别因为忌妒做出愚蠢的举动 / 229

请放过他的前女友吧 / 231

女人何苦总是为难女人 / 235

能够欣赏别人，就是战胜了自己 / 237

嫉妒伤人，其实也伤自己 / 240

豁达一点，就算是对手也喝彩 / 243

知·情绪
情商高的人，才是我们值得效仿的

能控制好自己情绪的人，比能拿下一座城池的将军更伟大。一切情绪，尤其是负面情绪，都必须让它回归平静。动感情是极耗精力的。如果我们把精力花在应付坏心情上，便不会再有太多精力来应对生活本身的需要。

为什么说，智商高不如情商好

情商是一种基本生存能力，决定着人其他心智能力的表现，也决定着人一生的走向与成就。

情商，又称情绪智力，是近年来心理学家提出的与智商相对应的概念，它主要指人的情绪控制能力。以前人们认为，一个人的成就大小，智商是第一要素，但现在，心理学家普遍认为，情商在个人发展中有着举足轻重的作用，有时其作用甚至要超过智商。

这是一个真实的故事。

随着经济改革大潮的冲击，重庆有一家纺织厂因经济效益不好，决定辞退一批工人。在这一批下岗人员里有两位女性，她们都40岁左右，一位是大学生，工厂的工程师，另一位则是普通女工。就智商而论，这位工程师的智商无疑超过了那位普通工人，然而，在下岗这件事上，她们的心态却大不一样，而正是这种不同的心态决定了她们以后不同的命运。

女工程师下岗了！这成了全厂的一个热门话题，人们议论纷纷。女工程师对工厂的这一决定也深怀怨恨。她愤怒过、骂过，也与工厂方面吵过，但都无济于事。因为下岗人员的数目还在不断增加，其他的工程师也下岗了。尽管如此，她的心里还是不平衡，她始终觉得下

CHAPTER 01 知·情绪

情商高的人，才是我们值得效仿的

岗是一件丢人的事。她整天都闷闷不乐地待在家里，不愿出门见人，更没想到过要重新开始自己的人生，孤独而忧郁的心态控制了她的一切，包括她的智商。她本来就血压高，身体弱，再加上下岗的打击，没过多久，她就被忧郁的心态打败，孤寂地离开了人世。

而那位普通女工的心态却与她大不一样，那位女工很快就从下岗的阴影里摆脱了出来。她认为别人下岗能生活下去，自己也能。她平心静气地接受了现实，并在亲戚朋友的支持下开起了一个小小的火锅店。由于她经营有方，火锅店生意十分红火，仅一年多，她就还清了借款。现在，她的火锅店规模已扩大了好几倍，成了城里一家小有名气的餐馆，她自己也过上了比在工厂打工时更好的生活。

一个是智商高的工程师，一个是智商一般的普通女工，她们都曾面临着同样的困境——下岗，但为什么她们的命运却迥然不同呢？原因就在于她们的情商差别。

女工程师始终处在忧郁之中，这样的心态使得她不能对自己的下岗做出一个理智的评价，更不可能重新扬起生活的风帆。她完全沉溺在自己的不幸之中。一个人一旦拥有了这样的心态，其智商就犹如明亮的镜子蒙上了一层厚厚的灰尘，根本就不可能映照万物。所以，尽管女工程师的智商高，但在面对生活的不幸变化时，她的情商却阻碍了智商的发挥，不仅如此，她的心态还把她引向了毁灭。另一位普通女工的智商虽然一般，但她平和积极的心态不仅使自己的智商得到了淋漓尽致的发挥，而且还使其以后的生活更加幸福。

一个具有高智商的人未必就能完全掌控自己的命运，没有良好的情商做辅助，智商再高也只会受到生活的嘲弄。事实上，正如哈佛大学心理学博士丹尼尔·戈尔曼教授所说的那样："一个人如果不具备情感能力，缺乏自我意识，不能处理悲伤情绪，没有同理心，不知道怎样跟人和谐相处，即使再聪明，也不会有大的发展。"

然而，有些人虽然拥有出众的容貌、傲人的学历、满腹的学问，但却始终无法在工作中有所突破，无法达成人生中哪怕一个很小的目标，他们的"病灶"就在于情商缺失。

学会控制情绪，方能控制人生走向

生活中我们常见到当事人因不能克制自己而引发的争吵、咒骂、打架，甚至流血冲突。谁踩了谁的脚，一句话说得不当，在地铁里抢座位，在公交车上挨了一下挤，都可能成为引爆一场口舌大战或拳脚演练的导火索。在社会治安案件中，相当多的案件都是由于当事人不能冷静地处理微不足道的烦琐小事而发生的。

人皆有七情六欲，遇到外界的不良刺激时，难免情绪激动。这是人本能的生理和心理反应。但这种激动的情绪不可放纵，因为它可能使你丧失冷静和理智，不计后果地行事。因此，当你遇到此类事情，面对人际矛盾时，要学会克制，学会忍耐。

中国古代打仗时，如果守城的一方宣布闭门停战，攻城的一方便在城下百般秽骂，非要惹得那守城的一方怒火中烧，杀出城来——攻城的才可以乘机获胜。兵法上称之为"激将法"。但如果守城的能克制

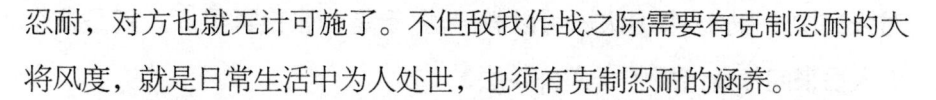

忍耐，对方也就无计可施了。不但敌我作战之际需要有克制忍耐的大将风度，就是日常生活中为人处世，也须有克制忍耐的涵养。

"石油大王"洛克菲勒早年时期，曾遇见过一青年闯入他的办公室，用拳头猛击他的写字台台面，并大发雷霆地说："洛克菲勒，我恨你！……"

那人恣意谩骂十分钟之久。办公室里的职员听得清清楚楚，大家都想洛克菲勒一定会拿起墨水瓶向那人掷去，或者叫保安把他赶出去。但是洛克菲勒没有这样做，他把笔搁下，神情和善平和，静静地注视着发怒者。

最后，那青年只好拍了几下桌子，怏怏离去。

过后，洛克菲勒像没事似的，又埋头工作，也未再提这事。

唐代僧人寒山曾写诗道："有人来骂我，分明了了知（心里明明白白）。虽然不应对，却是得便宜。"这首诗很值得玩味。

清人傅山说过：愤怒正到沸腾时，就能铲除并停止住，这一点不是"天下大勇者"便不能做到。

中国古语讲："小不忍则乱大谋。"如果你想和对方一样发怒，你就应该先想想这种爆发会产生什么后果。如果发怒必定会损害你的身心健康和利益，那么你就应该约束、克制自己，无论这种自制是如何的吃力。

西汉名臣张良年轻时曾遇到一件事。一天，他到下邳桥散步，有个老人，穿着粗布衣服，走到张良跟前，故意将鞋子掉到桥下，冲着张良说："小子，下去给我把鞋捡上来！"张良听了一愣，顿时怒火中烧，因为看他是个老年人，就强忍着怒气到桥下把鞋子捡了上来。老人说："给我把鞋穿上。"张良想，既然已经捡了鞋，好事就做到底吧，于是跪下来给老人穿鞋。老人穿上后笑着离去了，一会儿又返回来，对张良说："你这个小伙子可以教导。"于是约张良再见面。就是这个老人后来向张良传授了《太公兵法》。

老人考察张良，就是看他有没有遇辱能忍的自我控制力，有这种控制力，往后才能担当大任，处理各种复杂的人际关系和艰巨的事务；才能遇事冷静，不意气用事。

如果你忍不住别人的刺激快要如火山一样爆发时，就试试这个方法："生气的时候，开口前先数到十，如果非常愤怒，先数到一百。"

其实人的情绪可以自制和调整。这就是许多人年轻的时候心浮气躁，肝火很大，而到了年老时反而心气平和的原因。因此，如果你想年轻时成就一番事业，首先就要学会控制自己的情绪，这样年老时才不至于后悔。

情绪管理需以情绪认知为前提

情绪是人们对事物的一种最浮浅、最直观、最不用脑筋的情感反应。它往往只从维护自己的自尊和利益出发，不对事物做复杂、深远和智谋的考虑，也因为这样，常使我们处于很不利的位置或为他人所利用、攻击。本来，情感化离智谋就已很远了，如果再为情绪所役，凭情绪办事，还谈什么理智？没有理智，又怎么能有胜算？所以，情绪完全可以左右一个人的成败。

CHAPTER 01 知·情绪
情商高的人，才是我们值得效仿的

其实，每一个人在日常生活和工作中，或多或少都会受情绪摆布，头脑一发热就冲动做事，受到刺激就怒火中烧，甚至什么蠢事都敢做，什么恶语都敢说。我们生活的环境是如此的残酷复杂，如果不能合理控制自己的情绪，就很容易陷入由自己营造的尴尬境地中不能自拔，乃至误人误事，此类的例子数不胜数。显而易见，控制好自己的情绪，让自己能理智、平静、坦然、乐观地面对生活中所遇到的一切，对我们来说非常重要！

控制自身情绪的前提就是认知自我情绪，情绪管理必须建立在自我认知的基础上。这种随时随地认知自身感觉的能力对于了解自己非常重要。只有了解自身真实感受的人才能成为自己生活的主宰，否则必然沦为感觉的奴隶。

那么，我们怎样来科学认知自己的情绪呢？

1. 情绪记录法。你不妨抽出一至两天或一个星期，有意识地记录自己的情绪变化。可以以情绪类型、时间、地点、环境、人物、过程、原因、影响等项目为自己列一个情绪记录表，连续记录自己的情绪状况。回过头来看看记录，你会有新的感受。

2. 情绪反思法。你可以利用你的情绪记录表反思自己的情绪；也可以在一段情绪过程之后反思自己的情绪反应是否得当，为什么会有这样的情绪？这种情绪的原因是什么？有什么消极负面的影响？今后应该如何避免类似情绪的发生？如何控制类似不良情绪的蔓延？

3. 情绪恳谈法。通过与你的家人、上司、下属、朋友等恳谈，征求他们对你情绪管理的看法和意见，借助他人认识自己的情绪状况。

4. 情绪测试法。借助专业情绪测试软件，或咨询专业人士，获取有关自我情绪认知与管理的方法建议。

自省，剖开真实的内心

一个人应该对自己有一个清醒的认识，自省就能帮你做到这一点，它会帮你认清自己且正确地评价自己。

自省是自我动机与行为的审视与反思，用以清理和克服自身缺陷，以达到心理上的健康完善。它是自我净化心灵的一种手段，从心理上看，自省所寻求的是健康积极的情绪、坚强的意志和成熟的个性。它要求消除自卑、自满、自私和自弃，消除愤怒等消极情绪，增强自尊、自信、自主和自强，培养良好的心理品质。

自省者审视自我，使个性心理健康完善，摆脱低级情趣，克服病态畸形，净化心灵。自省有助于强者伦理人格的完善和良好心理情绪的培养，同时也是成为强者的特征之一。

自我省察对每一个人来说都是严峻的。要做到真正认识自己，客观而中肯地评价自己，常常比正确地认识和评价别人要更困难得多。能够自省自察的人，是大智大勇的人。

哲学家亚里士多德认为，对自己的了解不仅仅是最困难的事情，而且也是最残酷的事情。

心平气和地对他人、对外界事物进行客观地分析评判，这不难做到，但当这把"手术刀"伸向自己的时候，就未必能让人心平气和了。

然而，自我省察是自我超越的根本前提。要超越现实水平上的自我，必须首先坦白诚实地面对自己，对自身的优缺点有个正确的认识。

在人生道路上，成功者无不经历几番蜕变。蜕变的过程，也就是自我意识提高、自我觉醒和自我完善的过程。人的成长就是不断地蜕变，不断地进行自我认识和自我改造。对自己认识得越准确越深刻，人取得成功的可能性就越大。在每个人的精神世界里，都存在着矛盾的两面：善与恶、好与坏、创造性和破坏欲。你将成长为怎样的人，外因当然起了一定的作用，但你对自己不断地反思，不断地进行自我扬弃这一内省所起的作用是不能低估的。

一个真正成熟的人，应该在充分认识客观世界的同时，充分看透自己。

有这样一些人，他们或爱挑剔、喜争执，或小心眼儿、好忌妒，或懦弱猥琐，或浮躁粗暴……这些缺点不但影响到他们的事业，而且还使他们不受人欢迎，无法与人建立良好的人际关系。

随着时间的流逝，这些人的缺点仍丝毫未见改变，细究一下，他们的心地并不坏，他们的缺点未必都与道德品质有关，只是他们缺乏自省意识，对自身的缺点太过于麻木。本来，别人的疏远，事业的失利，都可作为对自身缺点的一种提醒。但都被他们粗心地忽略了，因而也就阻碍了他们自身的成长。用诚实坦白的目光审视自己，通常是很痛苦的，也是难能可贵的。人有时会在脑子里闪现出一些不光彩的想法，但这并不要紧，人不可能各方面都很完美、毫无瑕疵，最要紧的是能自我省察。

凡属对自身的审视都需要有很大勇气，因为在触及到自己的某些弱点、某些卑微意识时，往往会令人非常难堪、痛苦。不论是对自己、对自己的偏爱物，还是对自己的民族传统、对自己的历史，都是这样。但是，无论是痛苦还是难堪，你都必须去正视它。不要害怕对自己进行深入的思考，不要害怕发掘自己内心不那么光明甚至很阴暗的一面。

勇士称号不仅属于手执长矛、面对困难所向无敌的人，而且属于敢于用锋利的解剖刀解剖自己、改造自己，使自己得到升华和超越的人。

当然，自我省察不仅仅是勇于正视自己的缺点，它还包括重新发现自己的优点和潜能。每个人都有巨大的潜能，每个人都有自己独特的个性和长处，每个人都可以通过自省发挥自己的优点，通过不懈的努力去争取成功。认识自我，是每个人自信的基础与依据。即使你处境不利，遇事不顺，但只要你的潜能和独特个性依然存在，你就可以坚信：我能行，我能成功。

一个人在自己的生活经历中，在自己所处的社会境遇中，能否真正认识自我，肯定自我，如何塑造自我形象，如何把握自我发展，如何抉择积极或消极的自我意识，将在很大程度上影响或决定着这个人的前途与命运。

纠正认知偏见，摆脱不良惯性思维

20世纪50年代初，美国的著名心理学家艾利斯，根据丰富的临床资料和不懈探索，创立了合理情绪疗法（Rational-Emotive Therapy，

RET），也称理性情绪疗法。艾利斯因此被称为认知疗法的鼻祖。

艾利斯认为，引起人们情绪困扰的并不是外界发生的事情，而是人们对事情的态度、看法、评价等认知，因此要改变情绪困扰不是致力于改变外界事件，而是应该改变自己的认知，通过改变认知进而改变情绪。

艾利斯曾遇到一位因老伴去世而痛不欲生的老人，艾利斯却对他说，他替他感到高兴。老人不解地问道："你怎么能这样说呢？"于是艾利斯给他指出，如果他先死，他的老伴必然万分悲痛。既然现在是老伴先死，他就义不容辞地承担这种痛苦，并为老伴不会受这种罪而感到庆幸。这位老人接受了艾利斯的观点，改变了自己的想法，他的心态也逐渐变得平和起来。

艾利斯的这个理论说得直白一点就是，引起我们情绪困扰、痛苦的，不是事情本身，而是我们内在不理智的信念、态度。

一方面，我们对行为结果的不同归因，决定着我们对行为结果的情绪反应。打个比方，让你回答"如果你因为相差几分钟而错过和朋友见面的机会，或者如果你因为相差一个小时而错过和朋友见面的机会，对于上述两种情况，你的情绪反应如何？哪一种情况下可能更感到遗憾？"多数人都认为前者更遗憾、情绪反应更强烈。这是因为人们把行为的失误归因于自己。

另一方面，面对同样一件事，不同的人看问题的方式不同，也会造成完全不同的情绪反应。比如，同样是失恋，有的人会肝肠寸断、自我封闭，甚至选择自杀，有的人郁闷几天也就释怀了。之所以会有如此大的差异，最重要的原因之一就是人们在意识、潜意识层面对爱情的看法不同，有的人把爱情看作是人生中最重要的东西，有的人却将爱情视为一种人生体验。

由此可见，一个人对事物的看法不同会造成完全不同的情绪反应，因此，要想调整自己的情绪，就需要从意识层面和潜意识层面调整自己的认知。这时需要注意一点，意识层面的认知比较容易调整，潜意识层面则不然。还是以失恋这件事为例，很多人失恋后觉得可以接受，但仍然觉得非常痛苦，这就是因为在潜意识层面没有及时调整过来。

改变自己对事物的认知，是一个循序渐进的过程，这需要我们在平时的生活中不断提醒和调整自己。

1. 寻找认知原因

当你遇到情绪的困扰时，一般可以找到认知上的原因。静下心来去思考、分析自己。找到之后，就要与自己讨论、分析，说服自己，把不合理的习惯性思维变成合理的思维。

2. 多提醒自己，是"我烦死我了"

由于每个人对待同一件事的看法不同，认知心理学认为人的烦恼不是由外部刺激形成的，而是与自己的观念有着莫大的关系。因此，与"他烦死我了""这件事情烦死我了"相比，"我烦死我了"更加准确。概括为四句话就是：

我烦恼主要是由我的观念引起的；

我烦恼主要不是由外部环境引起的；

我以后一定要少说"这事烦死我了"；

我知道主要是"我自己烦死我了"。

想要随时随地管理自己的情绪，不妨把这四句话打印三份，床头贴一份，卫生间贴一份，办公桌贴一份，看到后就默念一次，空闲的时候默默体会，这样坚持半年，相信你的个人情绪会有很大的改观。

3. 寻找积极的一面

总从消极的一面看问题是一种悲观心理，它会抑制你的进取心，让你被坏情绪侵蚀，因此我们一定要战胜这种不良心理。

一场大水冲垮了女人家的泥屋，家具和衣物也都被卷走了。洪水退去后，她坐在一堆木料上哭了起来：为什么她这么不幸？以后该住在哪里呢？镇里的表姐带了东西来看她，她又忍不住跟表姐哭诉了一番，没想到表姐非但没有安慰她，还斥责起她来："有什么好伤心的？泥房子本来就不结实，你先租个房子住着，再盖砖瓦的不就好了！"

角度不同，对问题的看法就不一样，有人积极，有人消极。消极思维者只看坏的一面，对事物总能找到消极的解释，最终他们也将得到消极的结果。而积极思维者却更愿意从好的方面考虑问题，并通过自己的努力，得到一个积极的结果。所有这一切正如叔本华所言：事物本身并不影响人，人们受到对事物看法的影响！

我们每个人都有自己的生活，都有选择自己精彩人生的机会，关键在于你的态度。态度决定人生，这是唯一一个真正属于你的权利，别人不能够控制或夺去的东西就是你的态度。如果你能时时注意这个事实，你生命中的其他事情就会变得容易许多。

尽管一时间让我们摆脱过去那种"不良惯性思维"的影响并不现实，时不时出现不良认知的反复也实属正常，但我们已经有意识地开始甄别、调整、改变，知道影响自己情绪的不是事情本身，而是自己当下对这件事情的认识和理解，认知改变了，自己的情绪和状态随之也就会比以前平稳很多、愉悦很多。

其实，美好的生活，就在你的一念之间。

合理宣泄，释放你的负面情绪

生活中，谁都会有一些不良情绪，如果不断压抑它们，你就会越来越消沉。因此，最好的办法是找一种不影响或伤害他人的方式把不良情绪宣泄出来。

一天深夜，一个陌生女人打电话来说："我恨透了我的丈夫。"

"你打错电话了。"对方告诉她。

她好像没有听见，滔滔不绝地说了下去："我一天到晚照顾小孩，他还以为我在享福。有时候我想独自出去散散心，他都不让；自己却天天晚上出去，说是有应酬，谁相信！"

"对不起。"对方打断她的话，"我不认识你。"

"你当然不认识我。"她说，"我也不认识你，现在我说了出来，舒服多了，谢谢你。"随后她挂断了电话。

生活中，谁都会产生这样或那样的不良情绪。每一个人都难免受到各种不良情绪的刺激和伤害。但是，善于控制和调节情绪的人，能够在不良情绪产生时及时消释它、克服它，从而最大限度地减轻不良情绪的影响。

不良情绪产生了该怎么办呢？一些人认为，最好的办法就是克制自己，不让不良情绪流露出来，做到"喜怒不形于色"。

但人毕竟不同于机器，强行压抑自己，硬要做到"喜怒不形于色"，把自己弄得表情呆板、情绪漠然，不是感情的成熟，而是感情的退化，是一种病态的表现。

那些表面上看起来似乎控制住了自己情绪的人，实际上是将情绪转移到了内心。任何不良情绪一经产生，就一定会寻找发泄的渠道。当它受到外部压制，不能自由地宣泄时，就会在体内郁积，进而危害自己的心理和精神状态，造成更大的危害，因此，偶尔发泄一下也未尝不可。

有些心理医生会帮助患者压抑情感，忽略其情绪问题，借此暂时解除患者的心理压力。患者因此便对负面能量产生了一定的控制力，所有的情绪问题表面上看似乎迎刃而解了。

压抑情绪或许可以暂时解决你的情绪问题，但是这等于关闭了自己的心门，让自己变得越来越不敏感。虽然你不会再受到负面能量的影响，却逐渐失去了真实的自我。你变得越来越理性，越来越不关心别人。或许你可以暂时压抑情绪，但是压抑的情绪终将反过来影响你的生活。

面对情绪问题时，心理医生的建议是：如果有人伤害了你，你必须回忆整个过程，不断描述其中的细节，直到这件事不再影响你为止。这样的心理治疗方式只会让感情变得麻木。你似乎学会了压抑痛苦，但是伤口仍然存在，你仍会觉得隐隐作痛。

另外一些心理医生则会分析患者的情绪问题，然后鼓励患者告诉自己，生气是不值得的，以此来否定所有的负面情绪。这些做法都不十分明智。虽然通过自我对话来处理问题并没有什么不对，但人不该一味强化理性，压抑感情。因为长此下去，你会发现，你已背负了沉重的心理负担。

一个会处理情绪的人完全能够定期排除负面能量，而不是依靠压抑情感来解决情绪问题。敏感的心是实现梦想的重要动力，学会排除负面情绪，这些情绪就不会再困扰你，你也不必麻痹自己。

如果你生性敏感，当你学会如何排除负面能量后，这些累积多时的负面情绪就会逐渐消失。此外，你还必须积极策划每一天，以积蓄力量，尽情追求梦想，这也是你最好的选择。

所以，聪明的人在化解不良情绪时，通常采取三个步骤：首先，承认不良情绪的存在；其次，分析产生这一情绪的原因，弄清楚为什么会苦恼、忧愁或愤怒；最后，如果确实有可恼、可忧、可怒的理由，则寻求适当的方法和途径来解决它，而不是一味压抑自己的不良情绪。

不要让外界干扰，打乱生活的阵脚

外界的干扰打乱我们的心境，会影响我们的身心快乐，也会打乱正常的生活节奏。

每天，当我们打开电视和报纸，都会看到许多令人不安的新闻。欧洲又发现了一例"疯牛病"，你情不自禁地会想：我今天吃的牛肉汉堡可别有"疯牛病毒"……股市又下跌了，你开始担心自己买的股票……医生说，坐便马桶不卫生，会传染性病。你忽然紧张起来，因为你白天刚刚使用了开会的大楼里的公共卫生间……

在家中，在单位，甚至走在大街上，你也会遇到许多烦心的事：单位领导莫名其妙地冲你发火，为一件微不足道的小事足足批评了你一个小时；路上，一个人嫌你挡了他的道，骂骂咧咧没个完……

人面对着外界的这些混乱干扰，心情怎么能够承受得了？

那么，该如何办？保持心情的宁静。只要稍微宁静下来，你眼前的一切就会是完全不同的情形。

布鲁斯是一名医生，他的病人都是患了心脏病的孩子，其中有些急需移植心脏，却迟迟得不到合适的心脏。他的工作中也有不如意的事，比如病人死了。当他回到家里后，妻子会问问他工作上的事，他会说说。然后，夫妇俩就会去找自己的两个小儿子，抱着他们或给他们讲故事。

安娜·威尔德是一个急难者辅导中心的义工，负责接听电话。打电话的人往往扬言要开枪或自杀，接着会突然挂断电话。辅导员如果是新手，在以后的几天里多半会拼命翻报纸，很担心看到那个来电话的人自杀的消息。但资深的辅导员一般不会这么做。

有些人成天都在辅导强奸案受害者、在谋杀案现场调查或潜到水下搜集飞机残骸，却还有精力在星期天下午为高中足球队摇旗呐喊。如此困难的事，他们是怎样做到的呢？……如果问有何诀窍，他们说因为'明白事理'。"

世间的事并非我们所能控制或是只要努力就能做好的，有许多事我们只能尽到本分，仅此而已。

不要因外界的纷纷扰扰而自坏阵脚，乱了自己生活的步子，更不要心生烦躁、忧虑、焦灼，要保持你心情的宁静。而要保持平静心态，就要学会去注意我们的感觉，注意我们生命的质量，注意人生中最重要的事情，这就是快乐、健康、实现自己的美好理想。我们停止担忧那些不重要的事情，比如衣服不太合身，交通又堵塞了，有人好像对自己不友好，这次提升又没有我，别人买了汽车而自己还没有，等等。我们还要学会不要昧于事理，让生活失去了平衡，就是说，不要让学习和工作上的压力影响我们的正常生活。

佛系一点，不太在意便不失意

　　人生最忌讳的就是太在意，太在意。在意到为其舍生忘死，一命归西，最终还是免不了一场失意的结局……

　　太在意只会让你更失意，人生的舞台上，谁没有得与失？或多或少，总有失意的时候。若是执著于此，便难得快乐。

　　人生需要一些不在意，不在意，任何失意都将随风而去。人生百年，逝者如斯，何不让那些烦恼和忧愁，随着天上白云渐渐飘远，最后消失在漫无边际的天空之中？

　　乡村有一对清贫的老夫妇，有一天他们想把家中唯一值点钱的一匹马拉到市场上去换点更有用的东西。老头牵着马去赶集了，他先与人换得一头母牛，又用母牛去换了一只羊，再用羊换来一只肥鹅，又把鹅换了母鸡，最后用母鸡换了别人的一口袋烂苹果。

在每次交换中，他都想给老伴一个惊喜。

当他扛着大袋子来到一家小酒店歇息时，遇上两个英国人。闲聊中他谈了自己赶集的经历，两个英国人听后哈哈大笑，说他回去准得挨老婆子一顿揍。老头子坚称绝对不会，英国人就用一袋金币打赌，二人于是一起回到老头子家中。

老太婆见老头子回来了，非常高兴，她兴奋地听着老头子讲赶集的经历。每听老头子讲到用一种东西换了另一种东西时，她都充满了对老头的钦佩。

她嘴里不时地说着："哦，我们有牛奶了！"

"羊奶也同样好喝。"

"哦，鹅毛多漂亮！"

"哦，我们有鸡蛋吃了！"

最后听到老头子背回一袋已经开始腐烂的苹果时，她同样不愠不恼，大声说："我们今晚就可以吃到苹果馅饼了！"

结果，英国人输掉了一袋金币。

不要为失去的一匹马而惋惜或埋怨生活，既然有一袋烂苹果，就做一些苹果馅饼好了，这样生活才能妙趣横生、和美幸福，而且，你才可能获得意外的收获。

当你烦恼时，请告诉自己："不必太在意！"当你失恋的时候，不必太在意。因为没有缘分，所以分手。既然月老还没有把你的姻缘定下来，你又何必太在意呢？

当你工作不顺利时，不必太在意。想一想，你苦恼也好，难过也罢，即使吃不下睡不着，工作也还是要做。所以，最好的办法，就是不去在意它，以一颗平常心去面对现实，去想更好的办法，解决它。

其实，人生就像走路一样，有曲折，有坎坷，有通衢，有美景。面对顺境不要沾沾自喜，面对逆境也不必怨天尤人，只要牢记凡事"不必太在意"，只要热爱生活，以平和的心境去面对人生，面对这大千世界，相信就会活出精彩的人生。

情绪的困扰，只能自己来解脱

每一个人的心都是自由的，如果你感叹心太累，那么一定是你自己锁住了自己。那么，我们何必做一个自筑牢狱的庸人呢？跳出来吧，快乐正在等着你。

看看下面这个故事，想必你会茅塞顿开。

有一个烦恼少年，有一天，他来到一个山脚下，只见一片绿草丛中，一位牧童骑在牛背上，吹着悠扬的横笛，逍遥自在。

烦恼少年看到了很奇怪，走上前去询问："你能教给我解脱烦恼之法么？"

"解脱烦恼？嘻嘻！你学我吧，骑在牛背上，笛子一吹，什么烦恼也没有。"牧童说。

烦恼少年试了一下，没什么改变，他还是不快乐。

于是他又继续寻找。走啊走啊，不觉来到一条河边。岸上垂柳成阴，一位老翁坐在柳阴下，手持一根钓竿，正在垂钓。他神情怡然，自得其乐。

烦恼少年又走上前问老翁："请问老翁，您能赐我解脱烦恼的方法么？"

老翁看了一眼忧郁的少年，慢声慢气地说："来吧，孩子，跟我一起钓鱼，保管你没有烦恼。"

烦恼少年试了试，还是不灵。

于是，他又继续寻找。不久，他路遇两位在路边石板上下棋的老人，他们怡然自得，烦恼少年又走上前去寻求解脱之法。

"喔，可怜的孩子，你继续向前走吧，前面有一座方寸山，山上有一个灵台洞，洞内有一位老人，他会教给你解脱之法的。"老人一边说，一边下着棋。

烦恼少年谢过下棋老者，继续向前走。

到了方寸山灵台洞，果然见一长髯老者独坐其中。烦恼少年长揖一礼，向老人说明来意。

老人微笑着摸摸长髯，问道："这么说你是来寻求解脱的？"

"对对对！恳请前辈不吝赐教，指点迷津。"烦恼少年说。

老人答道："请回答我的提问。"

"有谁捆住你了么？"老人问。

"……没有。"烦恼少年先是愕然，尔后回答。

"既然没有人捆住你，又谈何解脱呢？"老人说完，摸着长髯，大笑而去。

烦恼少年愣了一下，想了想，有些明白了：是啊！又没有任何人捆住了我，我又何须寻找解脱之法呢？我这不是自寻烦恼，自己捆住自己了吗？

少年正欲转身离去，忽然面前变成了一片汪洋，一叶小舟在他面前荡漾。少年急忙上了小船，可是船上只有双桨，没有渡工。

"谁来渡我？"少年茫然四顾，大声呼喊着。

"请君自渡！"老人在水面上一闪，飘然而去。

少年拿起木桨，轻轻一划，面前顿时变成了一片平原，一条大道近在眼前。少年踏上大路，欢笑而去。

不要幻想生活总是那么圆圆满满，也不要幻想在生活的四季中享受所有的春天，每个人的一生都注定要跋涉沟沟坎坎，品尝苦涩与无奈，经历挫折与失意。

洒脱一点，得失存乎于世，弃之于心，人生难免看尽落英缤纷，风华早谢。停留与驻足不应该是你人生失意时的选择，抬眼望天，太阳永远光彩夺目，月亮永远以暗夜作幕。生活不可求全责备，披着阳光的色彩前行，生活才会有光明照耀。细细想来，其实你完全可以很快乐，就像这个烦恼少年的经历一样。

CHAPTER 02

|阴·情绪|
抑郁，正在悄悄吞噬我们的幸福

一个陷入抑郁情绪的人，即使搜肠刮肚寻找词汇，也难以表达自己的沮丧心情。一般来说，将自己关进抑郁牢狱的人，他自觉仿佛正被什么东西紧紧地裹着，或者有个重物正沉沉地压在他的身上。那裹着他的可能是寿衣，压在他心头上的可能是墓碑。生活中还有什么事情比把自己从抑郁中拯救出来更重要呢？

别让忧伤成为生活的主旋律

　　人的一生不可能永远快乐，也找不到永远的快乐，可也不要一如既往地忧伤。

　　幸福是游移不定的，上苍并没有让它永驻人间。世界上的一切都瞬息万变，不可能寻索到一种永恒。环顾四周，万变皆生。我们自己也处于变化之中，今日所爱所慕到明朝也荡然无存。因此，要想在今生今世追索到至极的幸福，无异于空想。

　　"永远快乐"这句话，不但渺茫得不能实现，并且荒谬得不能成立。快乐决不会永久；我们说永远快乐，正好像说四方的圆形、静止的动作同样的自相矛盾。在高兴的时候，我们的生命加添了迅速，增进了油滑。像浮士德那样，我们空对瞬息即逝的时间喊着说"逗留一会儿吧！你太美了！"那有什么用？人生的问题，就在这里——你所留恋的，总是走的很快的，留恋着不肯快走的，偏是你所不留恋的东西。

　　人生，没有永远的快乐，也没有永远的忧伤。煎熬，无论好与不好，都是平等的。我们不可能一帆风顺，风平浪静，总会经历我们的春夏秋冬，有开心，有失落，有挫折，有成功。

　　对于快乐，我们希望它来，希望它留，希望它再来——这三句话概括了整个人类努力的历史。然而我们甘愿受骗，甚至希望死后可以有个天堂，那里有永远的快乐。这样说来，人生虽然有痛苦，但并不悲伤，因为它始终有快乐的希望。快活虽然不能持久，我们仍然活得有滋有味，因为我们生活不只是为了快活，还有理想和希望。

诗人食指在《相信未来》中这样写道：当蜘蛛网无情地查封了我的炉台，当灰烬的余烟叹息着贫困的悲哀，我依然固执地铺平失望的灰烬，用美丽的雪花写下：相信未来！

他相信未来，相信命运会给他一个客观的回答，而事实上，多年后生活给了命运多舛的他一个原本属于他的未来。

虽然徐志摩离开很多年了，但他充满浪漫想象和唯美意境的诗文却一直留在人们心里。他在"康桥"求学，写下《再别康桥》；在佛罗伦萨的街巷里散步时创作了《翡冷翠的一夜》；去日本游历，写出《沙扬娜拉》……徐志摩的诗之所以让很多人喜欢，是因为他擅长细腻的心理捕捉、缠绵的情感刻画，表达对爱情、自由、美的追求。很多时候，因为经历了恋爱的破灭，或是追求的理想终不能实现，他的诗歌便用舒缓轻柔的调子，流露出一种惆怅伤感的情绪，让每每读到诗歌的读者心里也多了一丝悲凉的气息。

或许是因为这些承载伤感的诗句写得多了，连徐志摩自己也说过这样的话："生活不是林黛玉，不会因为忧伤而风情万种。"

对于现实生活而言，快乐不是它的全部，忧伤也不是它的全部。如今，有不少人喜欢在微博上写伤感的句子，有些人是表达一时的心境，更多人则是在玩弄文字，让人读起来觉得他们多悲凉或是很有"文艺范儿"。其实，他们并不知道，那些把悲伤渲染得无以复加的句子，大多数人看了之后只是陪着你悲伤一时，回到各自的生活中之后，就会把它们忘得一干二净，可那些伤感的痕迹，却让你自己沉浸在忧郁中不能自拔。

然而，我们这个世界，从不会给一个伤心的落伍者颁发奖牌。

要强是好事，太要强便成了坏事

事业有成原本是件令人羡慕的好事，然而在现代都市中，却有越来越多的成功人士被成功所累，患上了"强人抑郁症"，痛苦得无法自拔，甚至错误地认为，只有离开这个世界才能得到解脱。美国著名抑郁症专家史得威教授在20世纪80年代末曾做过如下的评论：那些工作认真、勤奋、有前途、有潜力的人最容易患上抑郁症。牛顿、达尔文、林肯、丘吉尔这些改变了人类历史的人，都有抑郁症，著名台湾女作家三毛，在48岁事业鼎盛时期自杀身亡，引起海内外一片震惊。许多专家从以往病史、死亡动机和征象分析，判断她是患上了严重的抑郁症。

小吴所在的公司，在食品业颇有名气。小吴学历颇高，虽然已离开北京数年，但生活了几十年的熟悉环境和人脉关系，还是让他在很短的时间内成功地坐上了公司总经理这个令人羡慕的位置。在旁人眼中，小吴是个能干、智慧、风度翩翩、学识渊博的标准高级白领，他的脸上始终保持着一份优雅的微笑，说起话来睿智而不失幽默，商场

CHAPTER 02　阴·情绪
抑郁，正在悄悄吞噬我们的幸福

上的往来从来未让他有半点失态，他的优雅和从容似乎是与生俱来的。但是，优雅和从容背后的压抑和彷徨只有小吴自己知道。

这几年来，小吴已经习惯了被人赞扬，听顺了赞美的话，他在不知不觉中戴上了厚厚的面具，将自己的弱点深深地隐藏在了其中，努力把最光鲜的一面呈现在外人面前，他变得没有个性、没有自我，只剩下一个大家都认同的躯壳。他觉得累，却不能露出疲倦，没完没了的工作压得他喘不过气来，无论身体情况如何，他都必须将工作完成得尽善尽美，因为只有这样才是别人心目中的他；他觉得很烦躁，却依然要保持优雅；他感到紧张，却只能表现得从容。虽然他有骄人的业绩，又有让人眼羡的学历，更有让人既妒忌又羡慕的才能，但竞争的激烈，新人辈出，让这个优秀的男人同样感到了危机，他感到紧张、焦虑，他的从容保持得有多累、多苦只有他自己知道。无奈，为了不让自己完全崩溃，他只能把郁闷和一切不如意向家人发泄。父母看着一向优秀、知书达理的儿子突然变得粗暴、不可理喻，他们很难接受，常常会不自觉地叹息摇头。

每当这个时候，小吴都会尽量避开，他不忍心看到父母的这种表情，他内疚，但又不能表露，因为他害怕父母询问，他也无法说清其中的原因。他也想找朋友去喝杯酒、聊聊天，或者一起去打球，将心中的郁闷发泄出来，但一天十几个小时的工作，根本就没有给他留下多余的时间，他现在迫切地想放松、想逃开，但现实让他连逃脱的勇气都没有。他很清楚自己可能患上了心理疾病，但他无能为力。他只知道，他在等待，等待自己最终崩溃的那一天。

他的睡眠质量日益变差，注意力也无法集中，整天感到头晕、疲乏，精力大不如前，服用药物也无法减轻痛苦，最后不得不回家休息。

他怀疑自己患了不治之症,想通过自杀来解脱,幸亏被家人及时发现,才避免了悲剧的发生。

现代社会竞争压力很大,白领人士工作节奏过快,对自身的期望值又很高,往往搞得自己像机器人一样忙碌不堪,如果心理素质差一点又得不到疏解,难免会罹患心理疾病。所以提醒职场人士,要学会忙里偷闲,当感到压力太大时,不妨暂时丢掉一切工作和困扰,彻底放松身心,让精力得到恢复。此外,应注意保持正常的感情生活。事实表明,家人之间、恋人之间、朋友之间的相互关心和爱护,对于人的心理健康十分重要。遇到冲突、挫折和过度的精神压力时,要善于自我疏解,如参加文体、社交、旅游活动等,借此消除负面情绪,保持心理平衡。

拿什么拯救你,职场抑郁症

现代职场人"压力山大",长期积压的压力、不良情绪又往往得不到合理的宣泄或调解,因而患上抑郁症的人越来越多。据中国心理协会有关我国职场抑郁症调查数据显示,工作场所中的抑郁症患病率高达 2.2%~4.8%,这是一个什么概念呢?也就是说,在我国,每 50 个职场人中,就有 1~2 名抑郁症患者,显然,上班族已成为抑郁症的高发人群。

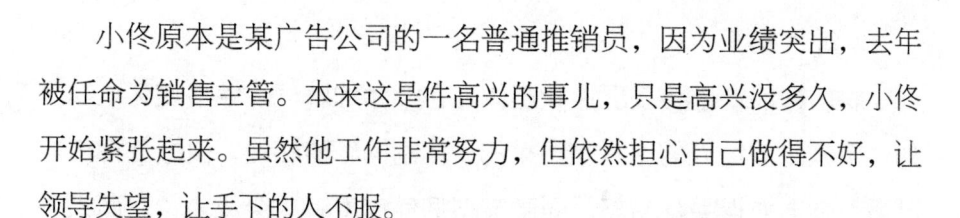

小佟原本是某广告公司的一名普通推销员，因为业绩突出，去年被任命为销售主管。本来这是件高兴的事儿，只是高兴没多久，小佟开始紧张起来。虽然他工作非常努力，但依然担心自己做得不好，让领导失望，让手下的人不服。

或许是因为自己给自己的压力过大，新年过后，小佟开始失眠，就连做梦也全与工作有关。此外，昔日能说会道的他如今也变得不爱说话了，朋友同事之间的应酬也不爱参与，吃不香睡不好，整日长吁短叹。

近日来，他的情况越发严重，他经常被失落、挫败、急躁、焦虑等不良情绪纠缠，最近两周甚至觉得"脑子好像是生了锈的机器""脑子像涂了一层糨糊一样"，反应非常迟钝，现在他连班都不想上了。

最终在家人和朋友的力劝之下，他来到了心理咨询中心，"这已经是抑郁症了！"心理医师告诉他，"你需要接受专业的治疗。"

事实上，"职场抑郁症"已成为全球疾病中给人类造成严重负担的重要疾病，对患者及其家属造成的痛苦、对社会造成的损失是其他疾病所无法相比的。而世界卫生组织将其与癌症归属为21世纪最需要预防也最盛行的疾病之列。

那么作为职场中人的你，就很有必要了解职场抑郁症的症状了，以便在症状出现时，能够及时发现，并且及时进行治疗。下面就给大家详细介绍一下职场抑郁症的表现症状。

1. 睡眠障碍

抑郁症最主要的一个症状就是以失眠、早醒为代表的一系列睡眠障碍表现。有抑郁倾向的职场人，通常会比大多数人早上正式起床时间提前2~3个小时醒来，而一旦醒来，想要再入睡就非常困难。

2. 脾气变坏

职场抑郁症主要表现症状还体现在个体的脾气、性格变化上。比如这个人以前给人的感觉是温柔的、体贴的、随和的，但患上抑郁症以后，就会变得暴躁易怒。而微笑型抑郁症患者更会成为"双面人"，在职场微笑示人，回到家怒火难抑。

3. 记忆力、反应力衰退

这种表现，既是亚健康的标志之一，也是职场抑郁症最为明显的表现特点。

事实上，对于抑郁症，预防胜于治疗。那么，我们如何使自己远离职场抑郁症呢？

1. 工作上对自己有个正确的认知评价。自己想要什么，追求什么，能做到怎样，心里要有个标准，不要过于激进，不要盲目攀比。对于工作中的各种挑战，要积极看待，平常心对待。

2. 享受个人空间。不要总是想着工作，努力在每天都安排一段时间处理自己的事情，如与家人、朋友一起聚餐或者看电影等。

3. 更有效地组织你的工作，利用团队来减少你的工作压力，可能的话把工作分摊或委派以减小自己的工作强度。别认为你是唯一能够做好这项工作的人，这样可能会给自己带来更多的工作，你的工作压力就会更大。

4. 建立良好的办公室关系。与同事们建立起有益的、愉快的合作关系；与老板建立起有效的、支持性的关系，理解老板的问题并让老板也理解你的问题，了解自己和老板在工作中的权利和义务。

5. 要学会调节自己的情绪。压力大，精神紧张时，要善于转移注意力，可以从事一些自己感兴趣的活动，如听音乐会、垂钓；也可以邀朋友聚会，相互倾诉一下。

6. 保证充足的睡眠。睡觉对于防治职场抑郁症十分重要。心理专家建议，无论从事什么工作，有多大的压力，都不要让其影响正常睡眠。睡眠好，精神足，职场抑郁症的症状自然可以得到有效的缓解。

小心，微笑原来也扎心

现代的都市白领，由于"工作的需要""面子的需要""礼节的需要""尊严和责任的需要"，他们白天大多数时间都要面带微笑；然而，这种"微笑"并不是发自内心深处的真实感受，而是一种负担，久而久之，就会成为情绪上的抑郁。

作为商场部门经理，小杨要求她的下属工作时间必须保持一张标准的笑脸，对自己更高标准严要求，除了微笑，还要有温柔的语气。其实，生活中每个人都会有情绪，但她们的工作特性，则把这个正常的生理现象给硬生生地"抹杀"了。为了工作，为了顾客，她们的情绪始终要保持高涨，精神饱满。

小杨做经理已经有五年时间了，五年里，微笑已经成为她的职业习惯，只要一踏进商场，她的脸就不自觉地会露出职业性的微笑，哪怕她今天的心情再郁闷。微笑也确实给她的事业带来了很多益处，她连续五年都被评为先进工作者，周到的服务和适时的微笑，也确实赢得了众多顾客的称赞。领导把她作为年轻员工的榜样，更把她视为公司的门面和招牌。种种荣誉，让小杨欲罢不能。但毕竟是食五谷杂粮，有七情六欲的人，压抑太久，身心都难以承受。她很想卸下面具，给自己的情绪和心情一个释放的机会，遇到那些蛮不讲理的顾客，也想痛痛快快地和他们"对簿公堂"，让他们懂得尊重是互相的，但是，"顾客是上帝"，这是公司的信条，无法违背。她只能把压抑和郁闷带回家。丈夫和孩子，是受害最重的对象，她的父母也是。

　　看到无辜受害的亲人，小杨不仅仅是内疚，而是揪心地痛，但她却无法控制自己的情绪，家人已经好久没有看见她由衷地笑过了，她自己也已经忘记发自内心地笑应该是怎样的心情，怎样的快乐。五岁的儿子常常会埋怨，妈妈像个火药桶，一碰就炸，丈夫则会打趣地说"妈妈生病了，妈妈得的是心病"，每当这时，小杨只有沉默。有时候，她真的很怕，怕自己的改变，怕自己的现状，更怕自己终于有一天承受不动时的崩溃。

　　小杨的确是患了心病，长期以来的强颜欢笑，让她变得心力交瘁，心中的"闷"难以排解，家人便跟着遭了殃。这种带有一定职业色彩的抑郁症被称之为"微笑抑郁症"，多发生在都市白领身上。事实上，"习惯性微笑表情"并不能消除工作、生活等各方面带来的压力、烦恼、忧愁，反而会把忧郁和痛苦越积越深，于是乎，"微笑性抑郁症"这个肉眼看不见的痛苦，开始在都市中蔓延开来。

　　然而，很多人虽然内心深处感到非常压抑和忧愁，但为了维护自己在别人心目中的美好形象，他们选择了掩饰自己，装作若无其事。殊不知，坏情绪积攒到一定程度时，就可能会出问题，虽然这个问题可大可小，但却不能忽视。

对于小杨这样的人来说，当前最要紧的是扯下微笑的"伪面具"！既然这种抑郁倾向缘于白领的"微笑信条"，那么扯下微笑的"伪面具"也许是最好的自救方法。重要的是，不要把微笑看作是解决一切问题的法宝，唯有调整待人接物的思维方式，以真实诚挚的心态处世。

你不能一直内疚

人很容易被负疚感左右，在人性文化中，内疚情绪常被当作一种有效的控制手段加以运用，给内疚者的生活造成了极大的麻烦。

珍妮的母亲很早便守寡，她勤奋工作，以便让珍妮能穿上好衣服，住上令人满意的公寓，能参加夏令营，上名牌私立大学。她为女儿"牺牲"了一切。当珍妮大学毕业后，她找到了一个报酬较高的工作。她打算独自搬到一个小型公寓去住，公寓离母亲的住处不远，但人们纷纷劝她不要搬，因为母亲为她做出过那么大的牺牲，现在她撇下母亲不管是不对的。珍妮认为他们说得对，便同意与母亲住在一起。

后来她喜欢上了一个男性，但她母亲不赞成她与他交往，她和母亲大吵一架后离家出走了，几天后听人们说母亲因她的离家而终日哭泣，强有力的内疚感再一次作用于珍妮。她向母亲让步了。几年后，珍妮已完全处于她母亲的控制之下。到最后，她又因负疚感造成的压抑毁了自己，并因生活中的每一个失败而责怪自己和自己的母亲。

内疚总是让人做出无原则的妥协，而正是这些妥协，一不小心就拖垮了我们的生活。我们应当吸取过去的经验教训，绝不能总在阴影下活着，内疚是对错误的反省，是人性中积极的一面，但却属于情绪的消极一面。我们应该分清这二者之间的关系，反省之后迅速行动起来，把消极的一面变积极，让积极的一面更积极。

罗斯是一位商人，长年在外做生意，少有闲时。当有时间与全家人共度周末时，他非常高兴。

他年迈的双亲住的地方，离他家只有一个小时的路程。罗斯也非常清楚自己的父母是多么希望见到他和他的家人。但是他总是寻找借口尽可能不到父母那里去，最后几乎发展到与父母断绝往来的地步。

不久，他的父亲死了，罗斯好几个月都陷于内疚之中，回想起父亲曾为自己做过的许多事情，他埋怨自己在父亲有生之年未能尽孝心。在悲痛平定下来后，罗斯意识到，再大的内疚也无法使父亲死而复生。于是他改变了以往的做法，常常带着全家人去看望母亲，并同母亲保持着经常的电话联系。

其实内疚也可以说是人之常情，我们在学业、事业以及家庭琐事方面，难免会做错事，那么就一定要一直内疚下去吗？千万不要这样，这是很可怕的，它会让你的生活失去绚丽的颜色。退一步说，即便深陷后悔的自责之中，又有什么用？我们是不是该为你补自己的过错做点什么，如果你能尽力补救，相信你的心就会好过一些。

从另一个角度说，内疚或许不完全是坏事，因为它确实可以让人变得更加成熟，也可以让我们在今后的日子中减少痛苦并更有能力去摆脱痛苦。但我们怕的是，因为内疚而"走火入魔"，乃至痛恨自己、厌恶自己，甚至厌恶这个世界，但我们却未曾想过，其实这也是一种不负责，是对自己、对亲友，乃至对曾被你伤害过之人的不负责。所以说，大家应该学会释放，不要深陷后悔的自责当中，你应该振奋精神，投身到对错误的补救当中，这才是你当下最该做的事情。

我们应该明白，这世上没有一个人是没有过失的，只要有了过失之后勇于去改正，前途依然光明，但若徒有感伤而不从事切实的补救工作，则是最要不得的！在过错发生之后，要及时走出感伤的阴影，不要长期沉浸在内疚之中，让身心备受折磨，过去的已经过去，再内疚也于事无补，要拾起生活的勇气，昂扬奔向明天。

其实，你从来没有被谁抛弃过

很多时候，我们都会产生一种被抛弃的错觉，因而感到孤单，感到无奈，感到无助，感觉阳光骤然间失去了往昔的温暖，感觉阴云在不断蔓延，感到天地间一片昏暗……恍惚间，仿佛一切将离自己远去，于是独自蜷缩在黑暗的角落，品尝"寂寞梧桐深院锁清秋"的孤寂，任泪水在心中长流……

她把自己当成一个落翼天使，她的网名就叫"折翼青鸟"。她从小就住在大别墅里，很少像其他小朋友一样出去玩闹，每天的事情就是学弹琴、学芭蕾、学诗词，学习好多知识。可是她越学，越觉得孤单。每天与孤月相伴，只有星星听她的诉说。

她很小的时候，父母离异，她跟着妈妈生活，感觉像被爸爸抛弃了一样。十岁那年，母亲不幸因病去世，她觉得被整个世界抛弃了。她和姥姥一起生活，虽然姥姥对她非常好，可她还是总有一种寄人篱下的感觉，她觉得现在能保护自己的，只有她自己了，她不敢过多接触外面的世界，她觉得那里有太多未知的危险。她觉得自己把自己保护得很好，可是，她觉得自己越来越孤独。

转眼间她长成了一个亭亭玉立的大姑娘，有很多人喜欢她，可是她冷得像冰山一样，拒绝所有人的亲近，她觉得他们一定会伤害自己。她从来不用别人的帮助，看似非常独立，可内心却异常的脆弱。她经常一个人落寞地看夕阳、看月亮，美丽的眼睛，迷茫的眼神，她的心已经飘向了她所向往的另一个世界。

其实，这一切或许只是因为她的内心太过悲观。

有时我们觉得自己已经被生活、被这个世界抛弃，其实并没有，因为这个世界处处弥漫着温暖。

一个在孤儿院长大的男孩讲述了他的故事：

我自幼便失去了双亲。九岁时，我进了伦敦附近的一所孤儿院。这里与其说是孤儿院，不如说是监狱。白天，我们必须工作14小时，有时在花园，有时在厨房，有时在田野。日复一日，生活上没有任何调剂，一年中仅有一个休息日，那就是圣诞节。在这一天，每个人还可以分到一个甜橘，以欢庆基督的降世。

这就是一切，没有香甜的食物，没有玩具，甚至连仅有的甜橘，也唯有一整年没犯错的孩子才能得到。

这圣诞节的甜橘就是我们整年的盼望。

又是一个圣诞节，但这个圣诞节对我而言，简直就是世界末日。

当其他孩子列队从院长面前走过,并分得一个甜橘时,我必须站在房间的一角看着。这就是对我在那年夏天,要从孤儿院逃走的处罚。

礼物分完以后,孩子们可以到院中玩耍;但我必须回到房间,并且整天都得躺在床上。我心里是那么悲哀,我感到无比羞愧,我偷偷地哭泣,觉得活着毫无意义!

这时,我听到房间有脚步声,一只手拉开了我蜷缩其下的盖被。我抬头一看,一个名叫维立的小男孩站在我的床前,他右手拿着一个甜橘,向我递来。我疑惑不解——哪多出的一个甜橘呢?看看维立,再看看甜橘,我真的被搞糊涂了,这其中必定暗藏玄机。

突然,我了解了,这甜橘已经去了皮,当我再近些看时,便全明白了,我的泪水夺眶而出。我伸手去接,发现自己必须好好地捏紧,否则这甜橘就会一瓣瓣散落。

原来,有十个孩子在院中商量并最后决定——让我也能有一个甜橘过圣诞节。

就这样,他们每人剥下一瓣橘子,再小心组合成一个新的、好看的、圆圆的甜橘。这个甜橘是我一生中得到的最好的圣诞礼物,它让我领会到了真诚、可贵的友情。重点在于,那些同伴并不愿意让这个"坏孩子"受到惩罚。

孤单不可怕，可怕的是孤独

一辈子那么长，总免不了孤单一下，孤单不可怕，可怕的是孤独。

如果记忆不是那么好，人是不是不会明白什么叫做孤独？往往经历了以后，才会发现在自己的记忆里，有多少是孤寂的，有多少是幸福的。

孤独是人生的一种痛苦，内心的孤寂远比形式上的孤单更为可怕。沉浸在孤独中的人离群索居，将自己的内心紧闭，拒绝温暖、自怜自艾，甚至有些人因此而导致性格扭曲，精神异常。如果不能忘记孤独，人生只有痛苦。

迈克尔·杰克逊走了，众所周知，这位世界级偶像的人生并不快乐，他不止一次说过："我是人世间最孤独的人"。

他说："我根本没有童年。没有圣诞节，没有生日。那不是一个正常的童年，没有童年应有的快乐！"

他5岁那年，父亲将他和4个哥哥组成"杰克逊五兄弟"乐团。他的童年，"从早到晚不停地排练、排练，没完没了"；在人们尽情娱乐的周末，他四处奔波，直到星期一的凌晨四五点，才可以回家睡觉。

童年的杰克逊，努力想得到父亲的认可，他"8岁成名，10岁出唱片，12岁成为美国历史上最年轻的冠军歌曲歌手"，但却仍得不到父亲的赞许,仍是时常遭到打骂。

心理学说:12岁前的孩子,价值观、判断能力尚未建立,或正在完善中,父母的话就是权威。当他们不能达到父母过高的期望而被否定、责怪时,他们即便再有委屈,但内心深处仍然坚信父母是正确的。杰克逊长大后的"强迫行为、自卑心理"等,当和父亲的否定评价有关。

父亲还时常嘲笑他:"天哪,这鼻子真大,这可不是从我这里遗传到的!"杰克逊说,这些评价让他非常难堪,"想把自己藏起来,恨不得死掉算了。可我还得继续上台,接受别人的打量。"

其后,迈克尔·杰克逊的"自我伤害",多次忍受巨大痛苦整容,当和童年的这段经历有关。

杰克逊在《童年》中唱道:"人们认为我做着古怪的表演,只因我总显出孩子般的一面……我仅仅是在尝试弥补从未享受过的童年。"

杰克逊说:"我从来没有真正幸福过,只有演出时,才有一种接近满足的感觉。"

曾任杰克逊舞蹈指导的文斯·帕特森说:"他对人群有一种畏惧感。"

在家中,杰克逊时常向他崇拜的"戴安娜(人体模特)"倾诉自己的胆怯感,以及应付媒介时的慌恐与无奈。

他和猫王的女儿莉莎结婚,当时轰动了整个世界,但两人婚姻生活并不愉快,莉莎说:"对很多事我都感到无能为力……感觉到我变成了一部机器。"1996他又与黛比结成连理,但幸福的日子持续也并不长,1999年两人离婚;之后,他又与布兰妮交往甚密,但布兰妮却一直强调:我们只是好朋友。

杰克逊直言不讳地承认："没有人能够体会到我的内心世界。总有不少的女孩试图这样做，想把我从房屋的孤寂中拯救出来，或者同我一道品尝这份孤独。我却不愿意寄希望于任何人，因为我深信我是人世间最孤独的人。"

感到孤独的人很多，又或者说，每个人或多或少都有些孤独感，然而，千万不要让孤独成为一种常态，因为，这会令你找不到通向幸福的路。实际上，孤独的人，只要放下过去的包袱，敞开心门接纳这个世界，就可以找到人生的伙伴，找到爱情与友谊。

其实，没有人会为你设限，人生真正的劲敌，就是你自己。别人不会对你封锁沟通的桥梁，可是，如果自我封闭，又如何能得到别人的友爱和关怀。走出自己的狭小的空间，敞开你的心门，用真心去面对身边的每一个人，收获友情和爱情的同时，你眼中的世界会更加美好。

将过去终止，你才能够重新开始

过往，过去的往事；回忆，回不去的记忆。既然已经过去了、回不去，为什么还要纠缠着不放？

如果把所有的事情都缠绕在心上，时常想起，总会时常痛苦。所以，与其纠结于心，不如看淡，看轻。生活的真谛在于宽恕与忘记。

宽恕那些伤害过我们的人和事，忘记那些不值得铭记的东西。忘记是品质的提升，是心态的调和，更是生命的沉淀。

人生，只有终止了过去的坏，才能够重新开始。

苹果公司中国总部要招聘一名高级财务主管，竞争异常激烈。

公司副总在每名考生面前放一个有溃烂斑点的苹果、一些指甲大的商标和一把水果刀。他要求考生们在10分钟内，对面前的苹果做出处理——即交上考试答案。

副总解释说，苹果代表公司形象，如何处理，没有特别要求。10分钟后，所有考生都交上了"考卷"。

副总看完"考卷"后说："之所以没有考查精深的专业知识，是因为专业知识可以在今后的实践中学习。谁更精深，不能在这一瞬间做出判定，我们注重的是，面对复杂事物的反应能力和处理方式。"

副总拿起第一批苹果，这些苹果看起来完好无损，只是溃烂处已被贴上的商标所遮盖。副总说，任何公司，存在缺点和错误都在所难免，就像苹果上的斑点，用商标把它遮住，遮住了错误却没有改正错误，一个小小的错误甚至会引发整体的溃烂。这批应聘者没有把改正公司的错误当成自己的责任，被淘汰了。

副总拿起第二批苹果，这些苹果的斑点被水果刀剜去，商标很随便地贴在各处。副总说，剜去溃烂处，这种做法是正确的。可是这样一剜，形象却被破坏了，这类应聘者可能认为只要改正了错误就万事大吉了，没考虑到形象和信誉度是公司发展的生命，这批应聘者也被淘汰了。

这时，副总的手里只剩下一只苹果了，这只苹果又红又圆，竟然完好无缺！上面也没什么商标。

副总问："这是谁的答卷？"一个考生站起来说："是我的。""它从哪儿来的？"

这个考生从口袋里掏出刚才副总发给他的那个苹果和一些商标，说："我刚才进来时，注意到公司门前有一个卖水果的摊子。而当大家都在专心致志地处理手上的烂苹果时，我出去买了一个新苹果，10分钟足够我用的了。当一些事情无法挽救时，我选择重新开始。"

副总当即宣布："你被录用了！"

原来，苹果公司的招聘答案是：你必须终止过去的坏，才能随时重新开始。

人生随时都可以重新开始，但你必须先将过去糟糕的事情终止。生活中，常常会有许多事让我们心里难受。那些不快的记忆常常让我们觉得如梗在喉。而且，我们越是想，越会觉得难受，那就不如选择把心放得宽阔一点，选择忘记那些不快的记忆，这是对别人，也是对自己的宽容。

请以开放的心，与这个世界达成和解

如果不想深陷抑郁之中，那么就要走出自己狭小的空间，学着主动敞开心扉，多与人交流、沟通，多找一些事情来做，让自己有所寄托，这样做会使你的心灵更加丰盈、更加悠然。

CHAPTER 02 阴·情绪
抑郁，正在悄悄吞噬我们的幸福

玛丽的丈夫因脑瘤去世后，她变得郁郁寡欢，脾气暴躁。

一天，玛丽在小镇拥挤的路上开车，忽然发现一幢房子周围竖起了一道新的栅栏。那房子已有一百多年的历史，颜色变白，有很大的门廊，过去一直隐藏在路后面。如今马路拓宽，街口竖起了红绿灯，小镇已颇有些城市的味道，只是这座漂亮房子前的大院已被蚕食得所剩无几了。

可泥地总是被打扫得干干净净，面积不大的花园里绽开着鲜艳的花朵。一个系着围裙、身材瘦小的女人，经常会在那里，侍弄鲜花，修剪草坪。

玛丽每次经过那房子，总要迅速看看那已经竖立起来的栅栏。一位年老的木匠还搭建了一个玫瑰花阁架和一个凉亭，并将之漆成雪白色，以与房子相称。

一天她在路边停下车，长久地凝视着栅栏。木匠高超的手艺令她惊叹不已。她实在不忍离去，索性熄了火，走上前去，抚摸栅栏。它们还散发着油漆味。里面的那个女人正试图开动一台割草机。

"嗨！"玛丽一边喊，一边挥着手。

"嘿，亲爱的。"里面那个女人站起身，在围裙上擦了擦手。

"我在看你的栅栏。真是太美了。"

那位陌生的女子微笑道："来门廊上坐一会儿吧，我告诉你栅栏的故事。"

她们走上后门台阶，当栅栏门打开的那一刻，玛丽欣喜万分，她终于来到了这美丽房子的门廊，喝着冰茶，周围是赏心悦目的栅栏。"这栅栏其实不是为我设的。"那妇人直率地说道，"我独自一人生活，可有许多人来这里，他们喜欢看到真正漂亮的东西，有些人见到这栅栏后便向我挥手，几个像你这样的人甚至走进来，坐在门廊上跟我聊天。"

"可面前这条路加宽后，这儿发生了那么多变化，你难道不介意？"

"变化是生活中的一部分，也是铸造个性的因素，亲爱的。当你不喜欢的事情发生后，你面临两个选择：要么痛苦愤怒，要么振奋前进。"当玛丽起身离开时，那位女子说，"任何时候都欢迎你来做客，请别把栅栏门关上，这样看上去很友善。"

玛丽把门半掩上，然后启动车子。她内心深处有一种新的感受，但是无法用语言表达，她只是感觉，在她那颗愤怒之心的四周，一道坚硬的围墙轰然倒塌，取而代之的是一道整洁雪白的栅栏。她也打算把自己的"栅栏门"敞开，对任何准备走近她的人表示友善和欢迎。

没有人会为你设限，人生真正的劲敌，其实是你自己。别人不会对你封锁沟通的桥梁，可是，如果你自我封闭，就不会得到别人的友爱和关怀。走出自己的狭小空间，敞开你的心门，用真心去面对身边的每一个人，收获友情的同时，你眼中的世界会更加美好。

所以说，一个忧郁的人，若想克服忧郁情绪，就必须远离自怜自艾的阴影，勇敢走入充满光亮的人群里。我们要去结交新的朋友。无论到什么地方，都要高高兴兴，尽量把自己的欢乐分享给别人。

CHAPTER 02　阴·情绪
抑郁，正在悄悄吞噬我们的幸福

过好你生命中的每一天

人性最大的缺点在于只会憧憬地平线那端神奇的风景，却不知道回过头来看一看自家窗外正盛开着的花朵。为什么我们常常愚蠢到这种地步而不自知，多么可怜而又可悲的人啊！

人生的旅途是多么的奇妙！小孩们成天说："如果我长大多好。"一旦长成大人时又会说："如果我结婚了多好。"但结婚之后想法又突然变成："如果我退休了多好。"而一旦退休，脑海中又浮现出昔日生活中的情景："这种日子真是孤苦单调，为什么会错失过去那美好的一切？"于是，又开始追念过去的一切。然而太迟了，逝去的一切是再也不可能从头来过了。

底特律的艾维斯先生由于及时醒悟，才免于被忧虑击溃。他从一个送报童开始，到杂货店店员、图书馆助理，他节省微薄的薪金再加上 55 美元的借款，成为他第一笔生意的本钱。最后建立起令他自豪的年收入 2 万美元的事业。但不幸突然发生了，他由于为朋友的支票担保，而这位朋友不久却破产了。"屋漏偏逢连夜雨"，他不仅变得身无分文，甚至又背了一万六千美元的债务，他完全倒了下去，他这样追忆道：

我因失眠、食欲不振而变得像死掉了一样，满脑子除了烦恼，还是烦恼。甚至有一天在街上突然昏倒在人行道上。我被扶上床时，浑身冒汗，痛苦不堪，日复一日衰弱下去，最后连医生也说我活不了多久了。我听后眼前一片昏暗，便写好遗言，回到床上，在无能为力的情况下等待死亡，不再忧虑、不再挣扎。而在这种平静的情况下，反而心情轻松地睡着了，像个襁褓中的婴孩般安然入睡。结果后来，食欲增加，体重也逐渐恢复到原来的水平。

几周后我便能扶着拐杖走路，一个多月后我便回到了工作岗位，给自己找了份周薪 30 美元的工作。这个教训使我不再追悔过去、恐惧未来，而把所有时间、精力完全倾注在今天的工作上。

态度改变之后，他再度奋起，数年后他成为艾维斯·普洛达克公司的董事长。之所以获得成功，关键在于他懂得认真地把握住今天。

如果你想好好地过完每一天，就要控制好自己的情绪，快乐发自于内心，并非天外之物。今天，我们要适应环境而非要环境来配合我们；我们要让自己彻底融入家庭、事业与机遇；我们要照顾好自己的身体，我们要运动，呵护它、滋养它、不透支它、不疏忽它，要让身体成为心灵的殿宇；我们要充实自己的心灵，不让心灵空虚。

乱·情绪
因为焦虑，我们忍不住一再折磨自己

焦虑情绪原本是一种积极应激的本能，少量的焦虑能够帮助我们克服懒散和惰性，增加工作和生活的动力。但我们必须学会自我克制，或者找一个合适的渠道进行释放；否则，焦虑郁结于心，便可能引发疾病，一旦受到刺激爆发出来，后果将不堪设想。

压力，总是让人焦头烂额

业务繁忙让我焦，股市大跌让我急，儿女升学让我虑，交通堵塞让我躁，柴米油盐让我烦，生活是一张无边无际的网，轻易就把我困在网中央，我越陷越深越迷茫，路越走越难越彷徨，如何才能减轻内心的恐慌呢？——如今，随着生活压力的与日俱增，焦虑症已经不知不觉给现代人的生活造成了困扰。

诚然，我们需要压力，但我们同样受害于压力。压力在刺激我们不断进取的同时，不仅使我们的生活变得忙碌，也严重影响到了我们的健康，很多人因为承受的压力过大，长期情绪焦躁，导致了各种心理疾病的产生，同时，抵抗力和免疫力也在不断下降。

张先生是南京一家大企业的老总，最近总是觉得心脏不舒服，心慌得不得了。前前后后去了不少医院，没查出心脏有什么具体毛病，治疗了几个月，效果依然不佳。后来，在朋友的介绍下，他拜访了一位心理医生，按照心理医生的建议进行治疗，一个月以后，心慌的症状竟然消失了。其实，心理医生并没有让他服药，而是告诉他：不要吸烟饮酒，不要通宵应酬，可以的话把电话关掉，去旅旅游或者多散散步。更重要的是，医生告诉他："从你做过的那些检查来看，你的心脏没有什么大毛病，你只要让你的紧张状态放松下来，把压力减轻一些就行了。"张先生听从了医生的建议，身体的不适症状果然减轻了不少。

当我们精神压力严重时，压力的负面作用会转移到身体上，医学上称这一现象为"躯体化"，最常见的就是不明原因的疼痛，如偏头疼、痛经、胸痛、心慌。

在经济高速发展的今天，越来越多的精英分子因为压力而以"牺牲"健康为代价，将全部身心精力献给了所谓能带给他们"幸福生活"的工作；有多少不堪重负的稚嫩心灵满怀痛苦和失望地踏上了报复社会的不归路；有多少"边缘人"在现实和理想的夹缝中苦苦挣扎以求生存呢？

超标的压力就像超重的大汉一样，乍一出现就会让人感到受威胁，精神受到沉重的打击，行为也会不由自主地恶化。压力，需要我们时刻警惕。

压力猛于虎，绝不是夸大其谈，更不是危言耸听，如果不对它提高警惕，你的生活就会被剥夺得只剩下"焦虑"二字了！

世界不压抑，是你太焦虑

有人说这个世界很压抑，其实是人心太焦虑。所以我们遗憾地看到：虽然今时今日娱乐方式应由尽有，然而焦虑症患者却在不断增多；物质条件日益改善，然而轻生者却屡屡出现。这些，归根结底源于人的心理问题。也就是说，目前人们的心理很混乱，因为混乱所以焦虑。

平心而论，每个人都有其自身的压力，谁都会遇到烦心之事，不过，那些心胸豁达的人挺一挺也便过去了，而那些心事过重的人却徘徊在自己的情绪中，无论如何也想不开。或许这些人每天都在想的是"我""我想""我要""我爱"，那么他就活得很狭隘，承担不起该承担的责任，走不出焦虑的世界。其实不管男人女人，无一不是爱自己的，这一点无可厚非，那些内心焦虑，甚至想自杀的人无非是因为觉得自己受到了某些难以承受的伤害，那么，是不是真的难以承受呢？我们不妨看看下面这则故事：

一位诗人爱上了一个美丽的女子，而那个女子却无情地拒绝了他。家人非常担忧，怕他会自杀，都试着劝导他。但他们越是这样，他就越认为自己应该自杀。他的家人不知道该怎么办，就把他的门锁起来，但他开始用头去撞门，他们非常害怕。

突然间，他们想到了诗人的朋友，一位颇有声望的哲学家，于是他们就来找哲学家帮忙，看他能不能劝住发疯的诗人——至少他们是同一种信仰。

哲学家去时，诗人正用头在撞门，看样子他真的很伤心，完全下定决心自杀了。

哲学家告诉他："你为什么要把这出戏演得这么大？如果你想自杀，你就自杀，为什么要制造出这么大的噪声？只用头撞门你是不会死的。所以，你跟我来，我们可以爬到楼顶上去，从楼顶跃下，何其痛快！为什么在这里搞得大家心神不宁？"

诗人不再用头撞门，他感到困惑：堂堂一个哲学家，又是名人，居然劝人跳楼？！

哲学家继续喋喋不休："把门打开，不要再引来一大堆的观众，为什么要这么演戏，你只要跟我来，我们上楼，保证你很快会消失。"

诗人将门打开，一脸困惑地看着哲学家。哲学家用力地把诗人拉出来往楼顶上走。

诗人往楼上走，越来越害怕。

他们到了楼顶，诗人突然变得很生气："你是我的朋友还是我的敌人？你好像想要杀死我。"

哲学家辩解说："是你想要死，我作为朋友责无旁贷，我必须帮助你。我已经准备好了，现在我们去栏杆那儿。今夜很美，月亮已经出来了，正是个好时候。"

诗人脸色煞白，嘶喊道："你是何许人，你可以强迫我去死吗？"

哲学家说："你看看！这就跟你信仰上帝一样。你心仪的那个女子，心不向你打开，你就得不到她的爱；同样地，你的心不向上帝打开，他能接你去他的地盘吗？"

一些人在生活中遭遇重大挫折以后，会像故事中的诗人一样，在生与死之间选择后者。然而，自杀并不是解决问题的办法。

想要真正走出生命"忧"谷，除了可求助精神科医师或心理咨询师等专业治疗外，对当事者而言，最重要的还是要找出自己的压力源头，主动学习如何处理压力、解决问题，以避免压力如影随形，压得人喘不过来气。

现实生活中，焦虑症患者常为情、财、事业等问题所困，而走向自杀，但无论是何种原因导致焦虑而自杀，归根结底，就是人们常常不懂得适时放下，也就是遇到困境时无法转换为光明、正向的念头。那么很显然，遇事多向好的一方面去考虑，你的焦虑、心结自然也就解开了。

万事挂怀，怎能不焦躁不安

无论这世间如何变化，只要我们的内心不为外物所动，则一切是非、一切得失、一切荣辱都不能影响我们，而在这种状态下，我们的内心世界将是无限宽广的。换言之，心外世界如何其实并不重要，重要的是我们的内心世界。

有这样一个故事，就十分贴切地说明了这个道理：

一个罪犯的"丑事"大白于天下，定罪以后被关押在某监狱。他的牢房非常狭小、阴暗，住在里面很是受拘束。罪犯内心充满了愤慨与不平，他认为这间小囚牢简直就是人间炼狱。在这种环境中，罪犯所想的并不是如何认真改造，争取早日重新做人，而是每天怨天尤人，不停叹息。

一天，牢房中飞进一只苍蝇，它"嗡嗡"叫个不停，到处乱飞乱撞。罪犯原本就很糟糕的心情，被苍蝇搅得更加烦躁，他心想：我已经够烦了，你还来招惹我，是在故意气人吗？我一定要捉到你！他小心翼翼地捕捉，无奈苍蝇比他机灵，每当快要被捉到时，它就会轻盈地飞走。苍蝇飞到东边，他就向东边一扑；苍蝇飞到西边，他又往西边一扑……捉了很久，依然无法捉到。最后，罪犯叹气道："原来我的小囚房不小啊，居然连一只苍蝇都捉不到。"

CHAPTER 03　乱·情绪
因为焦虑，我们忍不住一再折磨自己

感慨之余，罪犯突然领悟到：人生在世无论称意与否，若能做到心静，则万事皆可释怀；若能做到心静，自己也绝不至于身陷囹圄。其实他早该明白——"心中有事世间小，心中无事天地宽"。这就是解决人生燥乱的根本之道——如果我们在遭遇问题、困难、挫折时，能够放平心态，以一颗平常心去迎接生活中的一切，那么，我们的世界就会变得无限宽广。

心灵的困窘，是人生中最可怕的贫穷；同理，心灵的平和，也是人生最大的富足。一个人，倘若在外界的刺激中依然能够活得快乐自得，那么，他就能守住内心的那份清净。然而，我们多是普通人，每日穿梭于嘈杂人流之中、置身于喧嚣的环境之下，又有几人能够做到任心清净呢？于是，我们之中的很多人需要寄托于外界刺激来感受自己的存在；于是，很多人开始沉溺于声色犬马，久久不能自拔；于是，很多人为求安宁，自诩为"隐者"，远避人群。殊不知，故意离开人群便是执着于自我，刻意去追求宁静实际是骚动的根源，如此又怎能达到将自我与他人一同看待、将宁静与喧嚣一起忘却的境界呢？

也就是说，求得内心的宁静在于心，环境在其次。把自己放进真空罩子里不就真静无菌了吗？其实，这样的环境虽然宁静，假如不能忘却俗世事物，内心仍然会是一团烦杂。何况既然使自己和人群隔离，同样表示你内心还存有自己、物我、动静的观念，自然也就无法获得真正的"宁静和动静如一"的主观思想，从而也就不能真正达到身心俱宁的境界。

真正的心静之人，对于外界的嘈杂、喧嚣具有极强的免疫功能，他们耳朵根子听东西就像狂风吹过山谷造成巨响，过后却什么也没有留下一样；他们内心的境界就像月光映照在水中，空空如也不着痕迹。

如此一来，世间的一切恩怨是非，便都宣告消失了，这才是真正的物我两相忘。

当然，以现实状况来看，绝对的境界，即人的感官不可能一点也不受外物的感染，但要提高自身的修养，加强意志锻炼，排除私心杂念，建立高尚的情操境界却是完全可能的。

你只看到了危机，却没有看到转机

不可否认，人生中的确会有危机出现，但大多数都是由于过得不够充实引起的，只要在生活中认真做好每一件事，不虚度光阴，你大概是不会遭遇所谓的危机的。

可是，如果我们总从坏的一面看问题，就难免会焦虑不安，久而久之，内心被忧虑腐蚀，进取心受到损耗，情况也就变得越来越糟糕。

意大利庞贝城中有位卖花女，名字叫作倪娣雅。她虽然自幼便双目失明，但却从不自怨自艾，也没有自我封闭，而是勇敢地选择去面对，她告诉自己要像常人一样自食其力。

那日，维苏威大火山爆发，整座城市笼罩在浓烟和尘埃之中，庞贝城遭受着空前的灾难。是时，正值漆黑的午夜，惊慌失措的居民跌跌撞撞寻找出路，却始终无法走出"迷宫"。

倪娣雅一直生活在黑暗之中，这些年来又一直在城里卖花，她的

CHAPTER 03 乱·情绪
因为焦虑，我们忍不住一再折磨自己

不幸反而成了大幸，倪娣雅依靠自己的触觉和听觉找到了求生之路，与此同时，她还救出了许多市民。

上苍真的很公平，命运在向倪娣雅关闭一扇门的同时，又为她开启了另一扇门。世上的任何事物都是多面的，我们所看到的往往只是其中一个方面，这个方面让人痛苦，但痛苦大多可以转化。有一个成语叫作"蚌病成珠"，这是对生活最贴切的比喻。蚌因体内嵌入沙粒而痛苦，伤口的刺激使它不断分泌物质疗伤，待到伤口复合时，患处就会出现一粒晶莹的珍珠。试想，哪粒珍珠不是由痛苦孕育而成的呢？

一个公司的总裁因自己年事已高，想要找一个合适的人接替自己的位置，但却一直都没有找到适合的人。一天，他开车回老家正巧碰上一个年轻的小伙子喜气洋洋地庆贺自己的新房落成。院子里挤满了前去庆贺的老乡，大家举杯交盏，一派热闹景象。这位总裁也前去凑热闹，正当大家开怀畅饮时，只听轰隆隆一声巨响，新盖的房子倒塌了。所幸的是并没有人受伤。这时年轻人的父母号啕大哭，众乡亲也为这年轻人叹息，没想到年轻人举起酒杯对大家说："没关系，这房子塌了，说明我将来一定会住上比这更好的房子。如果不塌，说不定我一辈子都得住在这房子里，不想努力了呢！来，为我今后更好的生活干杯！"乡亲们听他这么一说也都不再叹息了，大家继续畅饮，一直闹到了晚上。总裁回到家说起这事，才从家人的口中得知：这位年轻人高考失败后，出门打工，并用自己挣来的钱养活父母，给自己盖房子。其中，他吃了不少苦，但从来没听说他报怨过。于是，这位总裁回公司之后，马上就给这个年轻人写了一封信，请他到公司任职，并不断地培养他。总裁退休时极力推荐这位青年，却遭到了董事会的一致反对。因为，董事会成员认为这位年轻人学历和阅历都不够，不足以胜

任总裁之职。但这位总裁说："一个人的学历和阅历可以慢慢学，慢慢增长。但一个人的乐观心态是不可能在短时间内树立起来的，我选择他正是因为我知道他不管在什么情况下都不会对自己失去信心，更不会对公司失去信心。"最终，这位年轻人赢得了董事会成员的认可，并在以后的日子里引领公司在纷繁复杂的商业大潮中树立起了自己的品牌。

一个人能够笑对灾难，就更能够轻易获得机遇之神的垂爱。因为谁都喜欢微笑着的面孔，包括机遇。

出现危机并不可怕，可怕的是被危机弄得焦躁不安、惊慌失措，甚至自暴自弃。危机未必就是坏事，它有时反而会成为一个新的契机。所有的坏事情，只有在我们认定它不好的情况下，才会真正成为不幸事件。

面对阳光，你就看不到阴影。只要凡事肯向好处想，自然能够转苦为乐、转难为易、转危为安。

就业不难，前途其实就在你心里

小张因为没有考上理想的大学，高中毕业以后只身来到北京打拼，在中关村做起了电脑销售员。一年暑假期间，大批应届毕业生进入电脑城，他们的工资要求比小张还低，而且业务水平也不弱，欠缺的只是一点经验而已。老板便找了个理由，让小张"卷了铺盖"。随后的两个月，小张一直为找工作而奔波，然而，不是用人单位嫌弃他的学历，就是小张觉得待遇太差，两个月下来，小张依然没有找到一份理想的工作。就这样，他除了找工作整天无所事事，再后来，小张干脆窝在了网吧里，情绪越来越糟糕，经常对身边的朋友使脸色、发脾气。

无独有偶，北京姑娘小黎也出现了类似情况。职高毕业以后，在两年间，她换了12份工作，最长的也不过干了三个月，最短的还不到一周，目前仍处于求职状态。如果有人问她原因，她就会掰着手指数落以往老板的"罪状"：工作累，要出差；工资给得太低了；公司食堂饭菜差，同事不好相处……用小黎朋友的话来说，她找份工作简直比找对象都挑剔。

小张和小黎身上出现的情况，其实就是人们常说的"就业焦虑症"。据相关消息称，我国每年大约都会有近百万的应届毕业生无法在当年找到工作，这既与客观环境有关，也有当事者本身的原因。

在很多毕业生看来，书中自有千钟粟，十几年寒窗苦读，换来的就应该是每月万儿八千的薪水待遇。很多人找不到工作或是连续跳槽，就是因为嫌弃薪水太低，用他们的话来说，"我堂堂的一个大学生（硕士、博士），怎么能这么低就？蹴而与之可不羞？"而在用人单位看来，这些人没有丰富的工作经验，还需要公司手把手培养，培养起来说不准又要跳槽，所以在没有做出业绩之前，根本无法给高薪。于是在"各不相让"的情况下，这些人索性就将"寻找高薪进行到底"，结果直到现在还赋闲在家。烦躁、郁闷、不甘每天骚扰着他们，让他们越发地不自信起来，以至开始担心：自己是不是就永远找不到一份工作了？

还有一部分人就如上文中的小黎一样，是出生在大都市的人，本身学历不高，但对工作的期望值却很高，对工作有明确的要求：诸如月薪多少以上、坐办公室、不上夜班、最好不要加班、不出差等，不符合条件的不去，宁愿在家闲着。事实上，这种心理其实也是就业焦虑症的一种，从内心来说他们害怕竞争，也害怕找个不如别人的工作会丢脸，在家待着最起码表明是自己看不上那些工作，而不是找不着"好工作"。

其实，适度的担心也无可厚非，有所追求也不算错，但起码应该对现状有个正确的认知。客观地说，现代人的就业压力非常大，竞争更是非常激烈，这就更要求人们调整好自己的心态，别为工作而过分焦虑，要紧的是把当下的事情做好。

摆正心态，你的爱情总不会太远

近年来，社会上出现了越来越多的有着高学历、高收入、高职务，但在感情上找不到理想归宿的大龄青年，即"剩男剩女"。随着"90后"逐渐进入适婚年龄，"80后"的"剩男剩女"成了一个社会问题，这种现象使越来越多的人对结婚产生了一种焦虑症，那些本应快乐团圆的节日也逐渐成了这些单身者的一种负担。

单身者们虽然自诩为"贵族"，其实大多数人心中都承受着较大的

CHAPTER 03 乱·情绪
因为焦虑，我们忍不住一再折磨自己

压力，这些压力可能来自父母，也可能来自身边的同事、朋友，亦有一部分是来自他们自己。从心理上说，相比夫妻或者恋人，单身男女在情感倾诉与释放压力方面更加困难，而且还会随着单身时间的延长而受到越来越大的婚姻压力，因此，"剩男剩女"比较容易产生孤单、寂寞、冷淡、焦虑、压抑等负面情绪。长期独居的生活，还会让他们的社交能力逐渐退化，性情变得孤僻，更重要的是，缺少伴侣的生活，会让人的幸福感变差，这是事业的成功、朋友的关怀所无法替代的。从生理上说，单身过久的男女也容易受到疾病侵袭。

在某国企工作的小陈人长得漂亮，工资也高，却一直都没有交到合意的男朋友。一谈到感情问题她就愁眉不展，她说："前不久刚刚过完30岁的生日，猛然发现自己真是'剩女'了，看看我身边的朋友和同事，"90后"的小妹妹都开始谈婚论嫁了，而我还是孤家寡人。"

小陈日常工作繁忙，按理说应该是非常期盼周末到来的，可是她的周末却是灰色的。"一到周末，我只能蒙头大睡，或是在家里看书听歌。因为我是外地人，在北京这边没有亲人，同事、朋友一到周末都成双结对地出去玩了，就我孤零零的一个人，一想到这儿，我连跳楼的心都有了。

"去年国庆节，我没敢回家。因为一回家，父母和亲戚肯定又要为我张罗相亲。起初，我的积极性也挺高。看着身边的女友都找到了爱人，说实话我也有点着急。为了赶上相亲时间，我总是提前打理公司业务，甚至提前回老家。但是，每次相亲回来，我都有一种如释重负的感觉。我不喜欢这样的方式——两个陌生人一见面就像做买卖似的，从父母、房子、车子、票子开始谈。后来，我再也没有兴趣相亲了，干脆以公司业务忙为由搪塞过去。这让爸妈更加着急，他们就给我打

电话，发短信，真的令我挺心烦的，所以去年国庆节索性没回家。不过说实话，这个长假过得非常凄凉。后来我实在熬不住了，打电话给朋友，哭着说：出来陪我聊聊天吧！

"我真的不想再一个人吃饭，一个人逛街，一个人看电影，一个人旅游，一个人发呆，真想找个好男人谈恋爱啊！"小陈心酸地表示。

为感情问题而发愁的岂止是女性，大龄男性也不例外。

小千与初恋女友分手以后便开始埋头打拼，待到事业小有所成以后才发现，自己的年龄已然不小了。经人介绍，他曾相过几次亲，但结果总是不能令人满意——喜欢他的他不喜欢，他喜欢的人家又对他不感兴趣。现在在小千心里，找个好女人结婚的愿望越来越迫切，然而心急又有什么用？夜深人静之时，想起与前女友当初的情景，感慨周围男女成双结对，小千总是十分痛苦，辗转难眠。时间长了，就表现出神经衰弱，没有食欲、头痛、精神恍惚等症状，导致无法正常工作。

其实，单身男女们最该做好的就是心理调节，以一个正确的态度看待自己的情感问题，认识到自身存在的问题，问一问自己究竟要什么。另外，可怜天下父母心，父母着急催促也实属自然，此时需要单身男女通过成熟而有效的沟通，或让亲友了解自己正在努力追求幸福，或让他们了解自己的恋爱观，接受自己的现状，理性地面对问题。

事实上，只要你还笃信爱情，只要你不太苛求，摆正心态，正确面对生活，与你匹配的他（她）出现是迟早的事。说不定下一秒，你就会在街头拐角处与他（她）相遇。

生活中的小事，没必要去较真

大多数人的生活都是琐碎的，所遇到的事情也都是细小的。对于这些小事情，我们要以一种包容平和的心态去面对，学会看开、看淡、看远、看透。唯有如此，我们才会享受到生活本应有的快乐。

卡戴珊是一名职业校对员，她曾经校对过的刊物书籍数不胜数。因为职业习惯，即使是在生活中，卡戴珊也会不自觉地检查单词拼写以及标点符号是否书写或者表达准确。当别人讲话之时，卡戴珊总在考虑他们的发音是否正确，停顿是否恰当。

有一天，卡戴珊去附近的教堂做礼拜，在听牧师朗读一段赞美诗时，卡戴珊忽然听到他读错了一个单词，她马上就觉得浑身非常不自在，一个校对员的声音在她心里不停地说道："他读错了！牧师居然读错了！"

这个时候，一只小飞虫从卡戴珊眼前慢慢飞过，在她的耳边突然响起了另一个更为清晰的声音："不要盯着小飞虫，忽视了大骆驼。"对呀，怎么能由于一个小错误而忽视了整段赞美诗？飞虫在卡戴珊面前稍作停留，然后径直飞走了。卡戴珊也很快就恢复了平静。

是啊，因为一个"小飞虫"就忽视了整段赞美诗，显然是得不偿失的，所以请别让小事干扰了我们的正常生活。

假如我们对生活中诸如穿鞋、走路这样的琐碎小事也怒气不止，斤斤计较，那么心灵就不会得到安歇，也不会变得轻松，甚至会给自己戴上沉重的枷锁。

　　一旦出现了令人心烦的事情，我们一定要学会忍让与克制，懂得适时"化干戈为玉帛"，不要让那些无关紧要的小事破坏自己的心情，只有这样我们才会让内心充满愉悦与平和。

　　生活中的小事，其实根本就没有必要较真，学会宽宏大度，学会理解、体贴他人，以诚待人，以情感人，不要总是对一些小事耿耿于怀，有时换个角度思考一下问题，也许就能获得另一种收获。

　　而那些总为小事伤神的人，他们的一生是焦躁的、烦恼的，也难以获得心灵的安定。其实，我们与其将时间浪费在琐碎的小事上，让这些小事耗费我们的精力，破坏我们的情绪，还不如忽略它们，专注于自己的事业。

我们要学着将心灵的杂草铲除

　　当你发现自己被各种琐事捆绑得动弹不得的时候，难道你不想知道是谁造成今天这种局面的吗？是谁让你昏睡不已？答案很明显——是你，不是别人。昏睡中忙碌着的你我，必须学会割舍，才能清醒地活着，也才能享受更大的自由。

CHAPTER 03　乱·情绪
因为焦虑，我们忍不住一再折磨自己

大家都有这样的体验：从早到晚忙忙碌碌，没有一点空闲，但当你仔细回想一下，又觉得自己这一天并没有做什么事。这是因为我们花了很多时间在一些无谓的小事上，泛滥的忙碌只会让我们失去自由。

《时代杂志》曾经报道过一则封面故事——"昏睡的美国人"，大概的意思是说：很多美国人都很难体会"完全清醒"是一种什么样的感觉。因为他们不是忙得没有空闲，就是有太多做不完的事。

美国人终年"昏睡不已"，这听起来有点不可思议。不过，这并不是一个好玩的笑话，这是一个极为严肃的话题。

仔细想一想，你一年之中是不是也像美国人一样，没多少时间是"清醒"的？每天又忙又赶，熬夜、加班、开会，以及那些没完没了的家务，几乎占据了你所有的时间。有多少次，你可以从容地和家人一起吃顿晚饭？有多少个夜晚，你可以不担心明天的业务报告，安安稳稳地睡个好觉？应接不暇的杂务日益成为艰巨的挑战。许多人整日行色匆匆，疲惫不堪。放眼四周，"我好忙"似乎成为了一般人共同的口头禅，忙是正常，不忙是不正常。试问，还有能在行程表上挤出空档的人吗？

奇怪的是，尽管大多数人都已经忙昏了，每天为了"该做什么"而无所适从，但绝大多数的人还是认为自己"不够"。这是最常听见的说法，"我如果有更多的时间就好了""我如果能赚更多的钱就好了"，好像很少听到有人说"我已经够了，我想要的更少"！

事实上，太多选择的结果，往往是变得无可选择。即使是很小的事情，都在拼命消耗着人们的精力。根据一份调查，有50%的美国人承认，每天为了选择医生、旅游地点、该穿什么衣服而伤透脑筋。

如果你的生活也不自觉地陷入这种境地，你该怎么办？以下有三种选择：第一，面面俱到。对每一件事都采取行动，直到把自己累死为止。第二，重新整理。改变事情的先后顺序，重要的先做，不重要的以后再说。第三，丢弃。你会发现，丢掉的某些东西，其实是你一辈子都不会再需要的。

　　天空广阔能盛下无数的飞鸟和云，湖海广阔能盛下无数的游鱼和水草，可人并没有天空开阔的视野，也没有湖海广阔的胸襟，要想能有足够轻松自由的空间，就得抛去琐碎的繁杂之物，比如无意义的烦恼、多余的忧愁、虚情假意的阿谀、假模假样的奉承……如果把人生比作一座花园，这些东西就是无用的杂草，我们要学会将这些杂草铲除。

CHAPTER 04

|躁·情绪|
好好看看吧，镜子里那个暴跳如雷的自己

暴躁是一种冲动性、情绪性、盲动性相交织的病态社会心理。暴躁的人总是从一个极端走向另一个极端，如果你始终无法克制自己的暴躁情绪，它很有可能会在你人生最关键的时候给你带来毁灭性的影响。

心里有火，焚不了天却能焚自己

近年来，由于小摩擦而引发的恶劣事件屡见报端，人们的脾气似乎变得越来越差。生活中，很多人稍不顺心就横眉冷对，有时一言不和便拳脚相加，亲戚邻里之间不能和谐相处，同事朋友之间动不动就红脸，恋人爱人之间亦是战火不断。有人说，这是因为中国人好面子，骨子里就不知道在发生冲突时如何采用和平的、礼貌的、绅士的、善意的方式进行沟通。这话有一定的道理，但不可忽略的是，随着生存压力的不断增大，一种常被人们忽视的人格障碍——暴躁症，正在不断加大它对人的影响。

暴躁症，其典型特点就是脾气暴躁，压不住火，一受到不利于己的刺激就暴跳如雷。程度较轻者尚可自我控制，比如有的暴躁之人，他们在单位尚能够克制自己的委屈和愤怒，表现良好，只有回到家中才会将压抑的情绪释放出来，拍桌子、砸椅子，甚至实施家庭暴力。而有一些则不然，暴躁到了一定程度，可以说沾火就着，激动、愤怒、与人争吵，本人根本无法控制，常给人一种惹不得的感觉；再重一点，则会表现为伴有冲动行为的情绪爆发，来势凶猛且残暴，可伤人、毁物、纵火，造成妨害公共秩序、伤害他人等后果。

然而，由于这种人格缺陷带有一定的隐蔽性，甚至在特定的情境下还会被人们称赞（比如我们熟知的水浒人物花和尚鲁智深，这个人就是典型的暴躁症，他冲动起来根本不计后果，完全没有理智可言，他的暴躁大多被"行侠仗义"的幌子所掩盖了），所以大多数时候，当事者及其身边的人往往难以察觉，只以为是"火气大、脾气急"，正是这种错误的认知，将少数当事者推入了深渊。

脾气暴躁接踵而来的就是抑郁症，所以不要小看它的危害，它除了会导致抑郁症之外，还会严重影响人的七情六欲，最终使人变得不可理喻。

脾气暴躁对于人的身体健康及寿命影响也是非常大的。丹麦哥本哈根大学的科学家调查了近万名36~52岁参与者的社会关系状况和早死风险，其中包括他们与家人、朋友等发生争吵的频率，以及在社会关系中感受到的压力程度等。结果发现，11年后，共有196名女性和226名男性死亡，死因主要是癌症、心脏病、肝病及自杀等。社会关系紧张或者常与配偶、子女吵架，会使死亡风险增加0.5~1倍；常与他人发生争吵则会使死亡风险增加2~3倍，男性在这方面更为脆弱。

不过，暴躁症也不会无缘无故地侵袭，除遗传因素外，暴躁与自身性格、工作生活方式及压力的宣泄途径也有很大的关系。所以说，现代人应该学会调节自己的情绪，合理缓解自己的压力，尽量让身心放松下来，想发火之前不妨赶紧在脑海里警告自己，或者数三个数再做决定，防止更严重的心理疾病造成更严重的后果。必要时可寻求心理医生的帮助。

坏脾气总会让人付出代价

小时候听过一个故事,说有一个人提着网去打鱼,不巧下起了大雨,他一赌气将网撕破。网撕破了还不够,又因气恼一头栽进池塘,从此再也没有爬上来。小时候想,世上哪有这样的傻子,这一定是个哄人的故事。现在想起来,这个故事还是很有意义的。

愤怒,就精神的配置序列而言,属于野兽一般的激情。它能经常反复,是一种残忍而百折不挠的力量,从而成为凶杀的根源、不幸的盟友、伤害和耻辱的帮凶。

据说,有一个法官在宣判一个杀人犯死刑以后,走到他的面前,对他说:"先生,请问你还有什么话要对你的家人说吗?"谁知那个囚犯毫不领情,他怒吼道:"你去死吧,你这个伪君子、刽子手,你对我的裁决一点也不公正!"法官受此辱骂,自然非常生气,他对着囚犯非常粗鲁地责斥了十几分钟。然而,法官刚一说完,囚犯的脸上立即露出了笑容,这一次,他很平静地对法官说:"法官先生,您是一个受人尊敬的大法官,受过高等教育,读了很多书,可以说是一个文明人,可是,我只不过是骂了您几句而已,您就如此失态;而我,一个文盲,小学没毕业,大字不识一个,做着卑微的工作,因为别人调戏我老婆,我一时冲动,杀死了对方,而最终成了死刑犯。虽然我们的结果不一

CHAPTER 04 躁·情绪
好好看看吧，镜子里那个暴跳如雷的自己

样，但有一点却是一样的，那就是我们都是情绪的奴隶！"

当我们对着他人充满愤怒地咆哮的时候，我们的情绪就在被对方牵引着滑向失控的深渊。情绪控制对于每个人而言都是一个非常大的挑战，尤其是愤怒的情绪。因为坏脾气总是会把我们的人生搞得一团糟，这不单单会对我们的心情有影响，还有可能会影响到我们与朋友之间的友谊、与家人之间的和睦，甚至改变我们一生的走向。怎么说我们也已经是个成年人了，不能再像个孩子一样任性撒泼，我们应认识到，被坏情绪所左右会给我们的人生带来多么严重的后果。所以当你生气的时候，你要自己提醒自己，不要因为自己的恶劣情绪，做出伤人害己的事情来，否则，你就会为自己的坏脾气付出代价。

肖某是一个白手起家的大老板，他的事业做得很大，但他与员工的关系却并不好，原因是他的脾气太暴躁，骂起员工来一点也不给人留面子。员工私下里说，一定是老板当打工仔时受了太多气，现在把气都撒到他们头上来了。肖某的一个老朋友看到他怎样对待员工后，叹息着说："你的脾气太大了，太能摆架子了，你想做垃圾堆里的老板吗？"后来肖某果然尝到了坏脾气的恶果：他得力的助手一个个离开了他，他发现自己再也没有什么可指挥的人了，事业也急转直下。

生活不可能平静如水，人生也不会事事如意，人的感情出现某些波动也是很自然的。可有些人往往遇到一点不顺心的事便火冒三丈，乱发脾气。结果非但不利于解决问题，反而会伤害感情，弄僵关系，使原本已不如意的事变得更加不如意。与此同时，生气产生的不良情绪还会严重损害一个人的身心健康。

美国生理学家爱尔马通过实验得出了一个结论：如果一个人生气十分钟，其所耗费的精力，不亚于参加一次3000米的赛跑。人生气时，很难保持心理平衡，同时体内还会分泌出带有毒素的物质，对健康十分不利。

虽然人人都有不易控制自己情绪的弱点，但人并非注定要成为自己情绪的奴隶。当一个人履行他作为人的职责，或执行他的人生计划时，并非要受制于他自己的情绪。要相信人类生来就要主宰、就要统治，生来就要成为他自己和他所处环境的主人。一个性格受到良好调控的人，完全能迅速地驱散自己心头的阴云。但是，困扰我们大多数人的却是，当出现一束可以驱散我们心头阴云的心灵之光时，我们却紧闭着心灵的大门，试图通过全力围剿的方式驱散心头的阴云，而非打开心灵的大门让充满快乐、希望、通达的阳光照射进来，这真是大错特错。

我们应该是情绪的主人，而不是情绪的奴隶。

想想我们的坏脾气给自己的生活带来了多么大的麻烦吧！当你用一张死板的面孔面对自己的同事和下属的时候，当你用不耐烦的口气挂断父母电话的时候，当你回到家对着自己的家人大吵大嚷的时候，他们将会以怎样的心情承担你的坏脾气带来的不良氛围呢？长此以往，你一定会变成一个不受欢迎、被别人敬而远之的人。因为别人也是人，别人也同样有自己的脾气，没有人能够永远地去包容你的坏脾气，更不会有人能长时间地去容忍你的坏性格给自己带来的麻烦。所以，我们应该努力管理好自己的情绪，以豁达开朗、积极乐观的健康性格去工作、去生活，而不是让急躁、消极等不良的性格影响到我们自己和我们身边那些最爱我们的人。我们不要让自己的情绪影响自己的心情，更不要让自己的坏脾气影响到别人的心情。毫无疑问，我们应该成为自己情绪的主人，这样才能营造一个健康快乐的人生。

CHAPTER 04 躁·情绪
好好看看吧，镜子里那个暴跳如雷的自己

冲动过后，常常是追悔莫及

一个人不管做什么事都要三思而后行，若是意气用事，就会造成不堪设想的后果。当你的判断不够准确或没有得到事实证明时，要有耐心地等待，多加考虑思索一番，千万不要草率行事。

在北半球的温带地区，生活着一种叫刺鱼的小鱼，它们体型小，身体细长，一般最大不超过15厘米，有些生活在淡水中，有些生活在海水中。它们生来活泼好动。

刺鱼的背鳍前面有两根或多根能活动的棘刺，腹部有一根棘刺和一小片鳍刺，全身无鳞，在体侧常有骨片保护。按说拥有这样进可攻退可守的装备应该会家丁兴旺吧，然而这种鱼的数量并没有想象中的那么多，有些品种甚至濒临灭绝。科学家克莱德·鲍尔为了解开这一疑惑决定进行实地考察。

原来，在刺鱼生活的水域栖息着大群生性凶猛的食鱼蜘蛛，这种蜘蛛从不结网，常常用纤长的后腿抓住水面岩壁或树叶，用其余触肢轻轻拍打水面。它可不是闲着没事闹着玩儿，它这样做是有目的的。在水下，活泼好动的刺鱼察觉到水面的异常，以为出了什么大事，便直接冲上水面。这可犯了大错误。老谋深算的蜘蛛正等着猎物自己上门呢，转眼间刺鱼就成了阶下囚。还不到一秒，刺鱼就被抓住并被打昏，成了食鱼蜘蛛的佳肴。

刺鱼因冲动而送命。在生活中，我们也常被突如其来的事冲昏头脑，做出错误的判断。冲动不仅于事无补，往往还会造成让我们难以承担的后果。因此，在冲动的时候用理智控制自己的行为才是最明智的选择。

有这样一则故事，颇有警示意义：

古时有一愚人，家境贫寒，但运气不错。一次，阴雨连绵半月，将家中一堵石墙冲倒，而他竟在石墙下挖到了一坛金子，于是转眼成为了富人。

然而，此人虽愚笨，却对自己的缺点一清二楚。他想让自己变得聪明一些，便去求教一位禅师。

禅师对他说："现在你有钱，但缺少智慧，你为何不用自己的钱去买别人的智慧呢？"

此人闻言，点头称是，于是便来到城里。他见到一位老者，心想：老人一生历事无数，应该是有智慧的。遂上前作揖，问道："请问，您能将您的智慧卖给我吗？"

老者答道："我的智慧价值不菲，一句话要100两银子。"

愚人慨言："只要能让自己变得聪明，多少钱我都在所不惜！"

只听老者说道："遇到困难时、与人交恶时，不要冲动，先向前迈三步，再向后退三步，如此三次，你便可得到智慧。"

愚人半信半疑："智慧就这么简单？"

老者知道愚人怕自己是江湖骗子，便说："这样，你先回家。如果日后发现我在骗你，自然就不用来了；如果觉得我的话没错，再把100两银子送来。"

愚人依言回到家中。当时日已西下，室内昏暗。隐约中，他发现床上除了妻子还有一人！愚人怒从心起，顺手操过菜刀，准备宰了这对"奸夫淫妇"。突然间，他想起白日向老者赊来的"智慧"，于是依言而行，先进三步，再退三步，如此三次。这时，那个"奸夫"惊醒过来，问道："儿啊，大晚上的你在地上晃悠什么？"

原来那个"奸夫"竟是自己的母亲！愚人心中暗暗惊出了一把汗："若不是老人赊给我智慧，险些将母亲错杀刀下！"

翌日一早，他便匆匆赶向城里，去给老者送银子了。

常言道："事不三思终有悔，人能百忍自无忧。"冷静就是一种智慧！世间的很多悲剧，都是因一时冲动所致。倘若我们能将心放宽一些，遇事时、与人交恶时，压制住自己的冲动，考虑一下事情的前因后果，且咽下一口气，留一步与人走，人与人之间的关系就会变得和谐许多。

生气是愚蠢的行为

"人生就像一场戏，因为有缘才相聚；相扶到老不容易，是否更该去珍惜。为了小事发脾气，回头想想又何必？别人生气我不气，气出病来无人替。我若气死谁如意？况且伤神又费力！邻居亲朋不要比，儿孙琐事由他去；吃苦享乐在一起，神仙羡慕好伴侣。"——一首《莫生气》，虽无华丽的辞藻，却成了世人常挂在嘴边的"忍怒格言"，这不仅是因为它读起来朗朗上口，更是因为它用最普通的话说出了最简单却又最难做到的真理。

生气动怒是一种极为常见的情绪反应，它随时都有可能让人不由自主地表现出来。或许，正是因为它太常见，因而很多人对其不以为意。殊不知，生气具有极强大的破坏力，它可以摧毁一个人的学业、事业、人脉、家庭以及身体等，毫不夸张地说，不加节制的怒火甚至可以烧毁一切！它，是我们缔造人生幸福的莫大障碍，是我们事业走向成功的拦路虎。

"嗔心一起，于人无益，于己有损；轻亦心意烦躁，重则肝目受伤。"害人害己的事我们何必去做？只为生活中所遇到的一点不如意的小事就大发雷霆，那是愚人的行为。如果能把生活中不如意的一些小事看得淡一点，并能在静观中有所收益，悟得生活中的种种道理，我们就不会活得太累，活得不开心。

一位老妇人脾气十分古怪，经常为一些无关紧要的小事大发雷霆，而且生气的时候说话很恶毒，常常于无意中伤害了很多人。因此，她与周围的人相处得不太和睦。她也很清楚自己的脾气不好，也很想改，可是火气上来时，她就是没有办法控制自己。

一次，一个朋友对她说，有一位智者，说不定他可以帮你。她觉得有点道理，于是就抱着试一试的态度去找那位智者了。

当她向智者诉说自己的心事时，态度十分诚恳，强烈地渴望能从智者那儿得到一些启示。智者默默地听她诉说，等她说完，就带她来到一间空房，然后锁上门，一言不发地离去了。

这位老妇人本想从智者那里得到一些启示的话，可是没有想到智者却把她关在又冷又黑的房子里。她气得直跳脚，并且破口大骂，但是无论她怎么骂，智者都不理睬她。老妇人实在受不了了，于是开始哀求智者放了她，可是智者仍然无动于衷，任由她自己说个不停。

过了很久，智者终于听不到房间里的声音了，于是就在门外问："你还生气吗？"

老妇人恶狠狠地回答道："我只是生自己的气，很后悔自己听信别人的话，干吗没事找事地来这种鬼地方找你帮忙。"

智者听完，说道："你连自己都不肯原谅，怎么会原谅别人呢？"说完转身就走了。

过了一会儿，智者又问："还生气吗？"

老妇人说："不生气了。"

"为什么不生气了呢？"

"我生气又有什么用？还不是被你关在这又冷又黑的屋子里吗？"

智者有点担心地说："其实这样会更可怕，因为你把气全部压在了一起，一旦爆发会比以前更强烈的。"于是又转身离去了。

等到第三次智者来问她的时候，老妇人说："我不生气了，因为你不值得我生气。"

"你生气的根还在，你还是不能从气的旋涡中摆脱出来！"智者说道。

又过了很久，老妇人主动问智者："大师，您能告诉我气是什么吗？"

智者还是不说话，只是看似无意地将手中的茶水倒在地上。老妇人终于明白：原来，自己不气，哪里来的气？心地透明，了无一物，何气之有？

一个只会生气的人是蠢人，一个能够控制自己情绪，做到尽量不为小事生气的人是聪明人，聪明人的聪明之处，是善于利用理智，将情绪引入正确的表现渠道，用理智驾驭情感。"人生一世，草木一春"。每个人都只有短短的一生，何不让自己活得快活、潇洒一些呢？

那些小事就如一粒粒的细沙，在你的鞋子里让你感觉不舒服。那么，为了摆脱这些细沙，你是选择倒掉沙子还是踢掉鞋子？我们不能不穿鞋子，因为我们还有许多路要走，所以，还是倒掉沙子吧。

怒火太过，就是罪过

愤怒使容易人失去理智，其结果往往会糟到不可收拾的地步。所以古人为了教导我们，留下了一句三字经："怒思祸"。

要知道，有时候生气伤害的不仅仅是你自己、你的家庭，更会伤害许多人。当你生气所造成的伤害足够严重的时候，我们说，那就是你的罪。

陈某与朋友在一家砖厂开车运砖。那天早晨八点多，二人开着农用车给附近一家照明企业运砖。当时，车子由于卸完砖后没有熄火，疏忽中与同来运砖的另一辆停着的农用车发生刮擦，造成对方的农用车大灯、反光镜等破裂。发生刮擦后，双方也谈妥了赔偿事宜，并让陈某载着对方的妻子去买配件。陈某驾车向城内开去，跑了两家配件

CHAPTER 04　躁·情绪
好好看看吧，镜子里那个暴跳如雷的自己

店都没能买到相应的配件。在车子开向另一家汽配中心的途中，对方的妻子在车上一直唠叨，让陈某很是恼火，谁知这时车子又突然熄火，这无疑更加重了陈某心中的火气。他气急败坏地打开副驾驶车门，将对方的妻子推出车外，塞给她30元钱，让她自己打车回去。对方的妻子不依。陈某在将车子开上桥时，对方的妻子一直用手攀住车门，并且大喊大叫。在下桥时，丧失理智的陈某猛踩油门，将她一下子甩出车外，车后轮碾过她的身子。看到这情形，陈某自知闯祸了，开车就逃，并把车子藏了起来，然后乘车折回现场，看到地上一大摊血后，自知不妙的陈某逃往外地。

然而，天网恢恢，在公安部门的大力侦破下，很快陈某便落入法网，等待他的将是法律严厉的制裁。

只是为了生活中的一些小事，一个生命就这样消失了，一个大好青年就这样身陷囹圄，等待陈某的不仅仅是法律的制裁，或许更多的会是良心的谴责。如果双方当时都能对自己的情绪稍加控制，这起命案就不会发生了。

其实，生活中像陈某这样爱冲动的人并不少。这些人只要情绪一来，就什么都不管不顾，什么话难听说什么，什么事气人做什么，甚至不惜触犯法律，这是因为人的"情绪化"在作怪。

从理论上说，人的行为应该是有目的、有计划、有意识的，这是人与动物的本质区别之一；但是，人的情绪化却能将这些全部颠覆，使人完全"跟着情绪走"，一遇什么不顺心的事，情绪就像一个打足了气的球一样，立即爆发出来；一旦自己的心理欲求无法满足，就会异常地愤怒。情绪化严重的人，给人的感觉就是——喜怒无常。

像陈某这样的人，应该学会正确地认知、对待社会上存在的各种矛盾。有很多情绪化行为都是由不会认知、不善处理人际矛盾引起的，所以一定要学会认识问题的方法，不能走极端，因为这样只能加重自己的暴戾情绪，使事情朝着更坏的方向发展；要学会全面观察问题，多看主流，多看光明面，多看积极的一面，从多个角度进行多方面的观察，并能深入到现实中去；另外，要学会正确释放、宣泄自己的消极情绪，别让自己成为"高压锅"。

做那个"怨怒循环"的终结者

纵是圣贤，也免不了心生怨气。怨怒极易传染和循环。当你遇到"怨怒循环"时，你是继续传递它，还是用宽容和爱心去终结它？如果你忍下了一时之气，那么你就可能成为"怨怒循环"的终结者。

一家公司的老板正在气头上，他正对公司经理大声斥责。

经理回到家对妻子大声斥责，说她太浪费了，因为他看到餐桌上的饭菜太丰盛了。

妻子对儿子大声斥责，因为他干什么都慢悠悠的。儿子对保姆大声呵斥，因为保姆打碎了一个碟子。

保姆没好气地去扔碎碟子，伤着了一位行人。

行人是一位妇人，她哭闹一番后赶紧去医院治伤。她对护士大声呵斥，因为护士上药时弄疼了她。

CHAPTER 04　躁·情绪
好好看看吧，镜子里那个暴跳如雷的自己

护士回到家里对母亲大声斥责，因为母亲做的饭菜不合她的口味。

母亲并不生气，温和地对她说："好孩子，明天我一定做你合口的。你忙了一天一定很累，吃了饭就休息吧，我给你换了一床新被子……"

"怨怒循环"终于在善良的母亲这里终结了。

怨怒是一种疾病，在人的心里制造痛苦，并通过痛苦的心传播蔓延。问题是，你愿不愿接受它的传染？愿不愿它给你带来痛苦？愿不愿再把痛苦送给更多的人？

徐先生是当地非常著名的企业家，属于比较典型的"强人"。他在事业上非常要强，在家里也是一样，觉得谁都应该听他的，不容家人有丝毫违逆。这导致他与儿子关系并不是很好，徐先生认为儿子不听话，而儿子则认为父亲太霸道，常将一些想法强加给他。徐先生的做派甚至连妻子都看不惯，而且他对妻子也是一样，他要求妻子在家照顾孩子，给她足够多的钱，但不允许她干涉他的事。这让他的妻子感觉很累，甚至觉得与徐先生这样的人在一起，一点生活情趣都没有。一家人很苦恼。

像徐先生这样的人不在少数，他们在外所表现出来的"强"与成功，很多人都看得到。比如说在单位是领导，地位高、有威严；在经济上是富户，买车买房买商铺。但别人看不到的是，他们其实一直在压制自身那些"弱"的东西，根本不让这些"弱"的东西表现出来。

其实，像徐先生这一类人最容易崩溃。为什么呢？因为"好强"的个性使他们的"弱"得不到表达，可是如果一个人不懂得适当地示弱，那么他的弹性、宽容度显然就不够了。这就好比你把一个弹簧不断地拉紧再拉紧，不给它放松的机会，那么到了最后这个弹簧就会失去弹性一样，当他们的"强"到了极限时，就很容易走向崩溃。

另外，可以说徐先生这样的人完全没有搞清楚自己的角色。在事业上表现出自己强的一面，这无可厚非，因为那里存在着一种竞争、弱肉强食的关系；然而回到家中，仍然摆出一副高高在上的样子，这就是把工作角色和家庭角色混淆了，这种行为明显已经"越界"了。

只有张没有弛，这显然不是人生之道。这世上绝大多数人都不是圣人或伟人，如果一个平凡人非要拿圣人、伟人的标准来要求自己，非要处处都表现出一副圣人、伟人的样子，那么肯定是要压抑很多东西的，这些东西得不到合理的宣泄，终究会成为心理健康的隐患。

"强人"们不懂得示弱、不知道放松，久而久之，极易产生两种极端情况：

一是家里家外都发脾气，这种人心理成熟度不高，情绪易波动，缺乏足够的理智。

二是在外人面前彬彬有礼、举止得体，甚至风度翩翩，一回到家中就完全变了一个人，脾气暴躁、随意发火，而如果家庭成员也不自觉地用负面情绪回应他，那么这个家就会变成硝烟弥漫的战场。

所以说，对待情绪这个东西，不能一直压着，老压着易崩溃；而一直发泄，也不对。应该是该压着的时候就压着点，该发泄的时候就发泄点，都别走极端。

我们应该把工作和娱乐、奋斗和休闲、事业和情感协调好。要远离强人"强迫症"，过丰富而轻松的生活。像徐先生这类人，自我心理调整的最根本原则就是要把工作和生活区分开，别让家庭和事业混在一起。当工作、事业上有了压力，感觉自己快要承受不住时，那么回家以后就适当倾诉一下，在家人的理解、支持与安慰下，压力肯定能够得到有效的缓解。需要注意的是，这个时候要摆正自己的态度，我们是向家人求助，而非迁怒。一般而言，越是成功的人越放不下身段，家里家外都是如此，严格地说这并不正常，这会严重影响到家庭关系。

"强人"们若想处理好工作与生活、事业与情感的关系，就要学会示弱，在家里要懂得示弱，在工作中同样如此。从理论上来说，每当你有一次过强的表现以后，都应该再找一次示弱的机会。其意义在于，让别人知道我们并不是无所不能、无坚不摧的，让别人意识到我们也是凡人，那么别人就会对我们更加宽容，也就会给我们留下更多的回旋余地和后退空间。

没有实力，与其生气不如争气

有很大一部分愤怒情绪，是因为人的目的和愿望不能达到或一再受到妨碍逐渐累积而成的。挫折如果是由于不合理的原因或被人恶意造成时，最容易产生愤怒。但是，有的人比较理智，能够控制自己的情绪，这样的人通常在人生道路上走得比较远。

在求职节目《职来职往》中，作为 BOSS 团成员的刘同让人又爱又恨。面对所有这一切，刘同显得云淡风轻，他不会为此拍案而起，因为他知道真正的强者是不会被激怒的，他更明白没有实力的愤怒毫无意义。

无论在职场还是家庭生活中，刘同都有很多理由愤怒。因为父亲不同意他报考中文系，父子关系一度紧张到剑拔弩张，父亲曾几年不与刘同说一句话。毕业后，他曾因为买不起一件几百块的生日礼物而落逃朋友的生日局，也曾因为派发不了红包而不好意思回家过年。在职场上，刘同曾被同事攻击，打电话给客户被骂。甚至在他当上节目总监时，老板也不信任他，骂他是骗钱的。尊严被如此践踏，刘同真的很生气，他一次次想把手里的台本摔到老板脸上然后愤然离去，但是他又想，在还没有任何成绩时就离开，正应了老板的话。刘同没有愤怒，更没有认输，他像只陀螺一样每天超负荷运转。身心的煎熬外人无法体会，半年后，他制作的节目已经与当时的王牌娱乐节目相比肩。同时，他自己还出了三本书。刘同用自己的成绩单结实地回应了老板的质疑，而他决定辞职时，他享受了同事们英雄般的待遇。有实力从不怕被埋没，不久，他收到老东家光线传媒的邀请，重回光线。

刘同说："把自己看得贱一点，所有的挫折就都不算什么了！"

有人说"人的尊严是最珍贵又是最不值钱的"，这话有一定的道理，人不能自尊心过强，过强就会给人生造成障碍，正如一句话说的：没有实力的愤怒毫无意义。当你实力不济的时候，与其生气，不如争气，我们要思考的是，如何化愤怒为实力。

遗憾的是，很多人都欠缺这方面的自愈力，坏情绪很容易被激发，对行为的后果不加考虑，这样的人铁定是要摔倒的。

有个大学生，毕业后来到一家公司做产品营销，公司提出试用三个月。三个月过去了，这位大学生一直没有接到正式聘用的通知，于是他一怒之下愤然提出辞职，公司一位副经理请他再考虑一下，他越发火冒三丈，说了很多过激的抱怨的话。对方也终于动了气，明明白白地告诉他，其实公司不但已决定正式聘用他，还准备提拔他为营销部的副主任。这么一闹，人家无论如何也不可能再留用他了。这位涉世未深的大学生因他的不理性而白白地丧失了一个绝好的机会。

年轻时涉世未深，愤怒犹如一匹脱缰的野马，我们常控制不住；但年长之后，就应该学会控制。如果控制得好，事实上愤怒也可以成为我们的重要工具，在关键时刻，愤怒可以是我们表达坚定立场，绝不妥协的手段；愤怒有时会是一场激烈的情绪展现，让所有人知道，"我"已达到临界点，让他们知道收敛。当然，最后还要回到理性。

总而言之，不论怎么"愤怒"都不能失控，否则还是会付出代价的。

不理智，无以成大事

愤怒情绪是人生的一大误区，是一种心理病毒。克制愤怒是人生的必修课，那些怒火横冲直撞而不加抑制的人是难成大器的。我们分析一下明朝几经沉浮的官员李三才的失败根源就不难发现这点。

明神宗时曾官至户部尚书的李三才可以说是一位好官，为什么这么说呢？当时他曾经极力主张罢除天下矿税，减轻民众负担；而且他疾恶如仇，不愿与那些贪官同流合污，甚至不愿与那些人为伍。但是他在"忍"上的造诣却太差。

有次上朝，他居然对明神宗说："皇上爱财，也该让老百姓得到温饱。皇上为了私利而盘剥百姓，有害国家之本，这样做是不行的。"李三才毫不掩饰自己的愤怒，说话也不客气的行为激怒了明神宗，他也因此被罢官。

后来李三才东山再起，有许多朋友都担心他的处境，于是劝他说："你疾恶如仇，恨不得把奸人铲除，那也不能喜怒挂在脸上，让人一看便知啊。和小人对抗不能只凭愤怒，你应该巧妙行事。"李三才则不以为然，反而认为那样做是可耻的，他说："我就是这样，和小人没有必要和和气气的。小人都是欺软怕硬的家伙，要让他们知道我的厉害。"没过多久，李三才又被罢官。

回到老家后，李三才麻烦不断。朝中奸臣担心他再被起用，于是继续攻击他，想把他彻底搞臭。御史刘光复诬陷他盗窃皇木，营建私宅，还一口咬定李三才勾结朝官，任用私人，应该严加治罪。李三才愤怒异常，不停地写奏书为自己辩护，揭露奸臣们的阴谋。

他对皇上也有了怨气，居然毫不掩饰愤怒情绪，对皇上说："我这个人是忠是奸，皇上应该知道的。皇上不能只听谗言。如果是这样，皇上就对我有失公平了，而得意的是奸贼。"最后，明神宗再也受不了了，便下旨夺去了先前给他的一切封赏，并严词责问他。

古人常说"喜怒不行于色"，而李三才却不明白这点，不分场合、不分对象随意发怒，自然只能失败了。

如果我们欲成就一番事业，就应该时刻注意学会控制愤怒，不能让浮躁愤怒左右我们的情绪。著名的成功学大师拿破仑·希尔曾经这样说：我发现，凡是一个情绪比较浮躁的人，都不能做出正确的决定。成功人士基本上都比较理智。所以，我认为一个人要获得成功，首先就要控制自己浮躁的情绪。

"事临头，三思为妙，一忍最高"。做人，应当提高自己控制浮躁情绪的能力，时时提醒自己，有意识地控制自己情绪的波动，千万不要动不动就指责别人，喜怒无常。改掉这些坏毛病，努力使自己成为一个容易接受别人和被人接受、性格随和的人。只有这样的人才能成大事。

是可忍，孰也可以忍

自然界中有这样一种现象，狼群在追逐驯鹿时，并不急于下口，它们总是派遣一部分先遣部队向驯鹿群冲去，令驯鹿群恐慌而四散奔逃。这时，会突然有一只狼斜斜地冲出，抓破某一头驯鹿的腿。随后这头驯鹿又被放回驯鹿群中……如此反复，定期更换"刽子手"去袭击那头驯鹿，让它的伤势不断加重。这种袭击从不间断，日复一日地重演，直到那头驯鹿因失血过多而失去反抗的意志和能力，狼群才一拥而上，大快朵颐。

狼群为什么要这样做？因为驯鹿这种大个头的动物是带有一定攻击性的，倘若不小心被它们踢上一脚，非死即伤。其实，狼群这时已然腹中空鸣，饥饿难耐，但它们一直忍着，为了避免伤亡和保证胜利，它们一直忍耐着，直到时机成熟。

忍耐就是一个坚持的过程，在等待一个时机，并在等待的过程中，不断地完善自己，直到时机成熟。忍耐就是将痛苦、屈辱、欲望等情绪抑制住，不使其表现出来，以达到麻痹对手的目的，这也是成功所不可缺少的一种素质。狼群在猎食的过程中所表现出来的忍耐力是令人惊叹的，倘若我们能够具备狼的这种性格和智慧，那么成功离我们还会远吗？

纵观历史风云人物，最能忍者，当莫过于越王勾践。

周敬王二十四年，吴王阖闾率大军亲征越国，越王勾践迎战。此战，吴王阖闾大败而归。阖闾在返吴途中，伤重恶化，命殒黄泉。

阖闾死后，太子夫差继位，他终日不忘杀父之仇，并对天盟誓："誓要灭掉越国，为父报仇！"为坚定复仇的决心，夫差派人站于门旁，见到自己就高喊："夫差，你难道忘了杀父之仇吗？"夫差则含泪答道："杀父之仇，不敢忘记！"

为早日复仇，夫差日夜操练兵马，储备粮草，铸造武器。经过三余年准备，吴国民富兵强，复仇时机已然成熟。周敬王二十七年，夫差遣伍子胥、伯嚭为大将，统军30万，直逼越国。

越王勾践不纳范蠡、文种之言，率兵轻进，结果大战之下，越兵死伤无数，勾践见大势已去，只好在众臣保护下，仓皇逃跑，吴军穷追不舍，将勾践藏身的会稽山围得水泄不通。勾践束手无策，便向大臣们寻求解困良策，文种说道："如今之计，唯有求和。"勾践叹气道："吴军已获全胜，此时又怎会答应讲和呢？"文种说："吴国的太宰伯嚭，是个贪财好色之徒，只需以重金和美女贿赂于他。吴王夫差十分宠信伯嚭，对他言听计从，只要他出面向吴王夫差说几句好话，求和之事，不怕夫差不同意。"

CHAPTER 04 躁·情绪
好好看看吧，镜子里那个暴跳如雷的自己

果然，伯嚭收下了美女和珠宝后，便向夫差建议与越国讲和。夫差终未能抗拒住伯嚭的花言巧语，同意了越国的求和，但提出要越王勾践夫妻入吴国做人质。勾践无奈，为求生存，更为了日后的复国大计，只好顺从夫差之意，放下国君的架子，带着王后和大臣范蠡，来到吴国。

入吴以后，勾践将所带珠宝全部送给了夫差及吴国大臣，自己住的是低矮石屋，吃的是糠皮野菜，穿的是难以遮体的粗布衣裳，每天勤勤恳恳地打柴、洗衣、养猪，如奴隶一般，毫无怨言。

每隔一段时间，夫差都要亲自前去巡视，当他看到勾践一直如此，顾忌之心便逐渐淡化，认为困苦和劳作已经将他们折磨得麻木不仁，不足以谨慎提防。

勾践在困于吴国的两余年中，一直忍辱负重，又不断令人贿赂伯嚭。而伯嚭，在每次收到越国礼物后，都要去夫差面前为勾践说情。日久天长，夫差便也萌生了释放之心。一次，在伯嚭为勾践讲情时，夫差便透露出欲放勾践回国的想法，但此念头被伍子胥一番激词挡了回去。

某日，勾践闻夫差身体有恙，便入见伯嚭请求探望，伯嚭奏请夫差，获准。于是，伯嚭带着勾践来到夫差病榻前。勾践一见夫差，当即伏地而跪，说道："闻大王贵体微恙，不胜焦虑，特奏请前来探望。我略通医术，可为大王诊病，望能得大王允许，以表效忠之心。"

这时，恰逢夫差要大便，勾践等人退出屋外。再次返回时，勾践拿起夫差的粪便，仔细品味，尝后，勾践伏地称贺："大王即将痊愈！我尝大王粪便乃是苦味，这是病情好转的预兆。"

夫差见勾践对自己如此忠心，大受感动，当即表示，病好后就放勾践回国。

勾践回国以后，一方面送出西施等美女迷惑夫差，另一方面励精图治，重整旗鼓。他为不忘吴国之耻，卧薪尝胆。他亲自与大臣耕作，王后则亲自纺纱织布。在这种激励下，越国迅速恢复元气，勾践终于重振雄风大败夫差，一雪前仇旧恨。

倘若勾践没有超人的毅力和忍辱之心，就不可能挺过那屈辱的三年；倘若他没有向夫差示之以弱、恭谦谨慎，就不会得到夫差的信任，那么不仅复国无望，甚至连性命也未必能够保全。

每个人都会遭遇困境，只有常怀隐忍之心，才有可能挺过难关，东山再起，成就大业。无论是示敌以弱，还是韬光养晦，这都是为人处世的深奥哲学。

人之一生，免不了磕磕绊绊，但愿望一定要长留心中，这是催人奋进的动力所在。为了愿望的实现，或者说为了生存，我们就一定要忍，忍辱负重固然苦，但若没有今日的"卧薪尝胆"，又哪来他日的一鸣惊人？

惧·情绪
这些年，你到底都在害怕些什么？

恐惧在一定程度上是合理的，有时逃避也是必要的，为了安全和生存，人可以合理而必要地选择远离令自己感受到威胁的东西，但这个恐惧对象应该是明确而真实的。如果你的恐惧与这个世界并没有真实联系，你也不大清楚自己逃避的目的地何在，那么你的恐惧就是虚幻的，你逃避的目标与保存生命的目的背道而驰，这就会给你的生命带来危害。

恐惧，只不过是我们的无知

　　这个世界并不恐怖，恐怖的是你心里的那个芥蒂，人类对于未知的事物始终抱着一种近似于敬畏的恐惧心理。比如说我们都会感到害怕的鬼故事、鬼电影，这种故事都有一个特点，就是营造荒诞和不可理解的气氛。而真正令我们感到害怕的，并不是鬼会伤人，也不是鬼有多丑陋，恰恰是那种荒诞和不可理解。从本质上来说，这一切都源于未知。因为你不知道究竟是怎么回事，可能要发生什么，你处在一个未知的景象之中，这时，恐惧来得非常单纯和直接，即便我们知道此时此刻是安全的，也没受到任何外界人或物的攻击或干扰，就是对周围一切的未知，都会让我们感到害怕。

　　婷婷在学校附近碰见一个农村大姐站在大树底下兜售布袋——一种长方形单面有图案的纯棉购物口袋，价钱相当便宜，只售一元。于是她一口气买了五个。

　　拿着布袋回到宿舍，室友们纷纷询问在哪捡的宝，都想去买几个回来。不料一位细心的同学蓦然惊呼："怎么上面有个'死'字！"定睛一看，布袋的图案四周原来还环着一圈外文，几个较长的单词不认识，字典里也没有，中间一个"die"却触目惊心！再细看图案本身，几个简单而形状怪异的色块拼凑在一起，谁也辨不出那究竟是什么。

CHAPTER 05 惧·情绪
这些年，你到底都在害怕些什么？

"我说怎么这么便宜！""咒语！"室友们大呼小叫。

婷婷有点害怕了，接下来不管遇到什么倒霉的事情，室友们都会怪婷婷买来那个"不吉利的东西"，婷婷的心里也很忐忑，生怕哪一天遭遇横祸。直至一年后，结识了一个外语学院的朋友，婷婷心里的结才解开，"咒语"之谜水落石出：原来那句奇怪的外文其实是德语，"die"是德语中一个再普通不过的冠词，发音为"地"，用法相当于英语"the"，专用以修饰阴性名词，"咒语"全句的意思是"保护世界环境"。

了解其意思之后回头再看那神秘的图案，原来竟是世界七大洲的板块！为了这个忐忑不安这么久，真让婷婷等人哭笑不得！

我们之所以有那么多恐惧，常是因为自己吓自己，是我们将自己囚禁在了幻想之中。其实，这世界上本就没有那么多恐怖存在，只是我们硬将它扯了出来。

当然，恐惧是一种与生俱来的情感体验。伍德在《你害怕什么？》一书中形象地描述道：我们对这个世界的最初体验很可能是充满恐惧的。我们被迫离开母亲的子宫——一个柔和、温暖、安宁、舒适的世界——进入到这个世界——它仿佛是一场充满光亮、噪声、寒冷、疼痛的噩梦。婴儿出生的时候，它害怕得身体紧缩，疼痛得面部扭曲，双眼紧闭。也许，我们与母体脱离之后的第一种情绪就是恐惧，第一个反应就是躲避。人从一出生，就不可避免地要遭遇各种恐惧，"我们生活在各种恐惧之中。我们害怕被抛弃，害怕失败，害怕痛苦，害怕死亡。我们害怕上帝是虚构的，害怕生活不过是一场闹剧。我们害怕陌生，害怕变老，害怕陷入无助，害怕被抢劫，害怕被伤害，害怕看到别人受伤害，害怕破产，害怕股市暴跌。害怕不被人所爱，又害怕

· 91 ·

爱别人太多；害怕受人关注，又害怕被人忽略。害怕陌生人。害怕电梯。害怕犯错误。害怕街头地痞。害怕老鼠。害怕地震。害怕血。害怕人上门讨债。"

事实上，我们必须接受并允许恐惧情绪的存在，但我们又必须把它控制在一个合理的范畴之内。

那么，怎样来减轻自己的恐惧心理，让自己能够直面恐惧呢？美国著名心理学家霍克如此建议：当你试图克服恐惧的时候，不要冲上前去，让自己一下子面对一切。这样做很糟糕，结果往往会与你预想的目标适得其反，使你原来的恐惧陡然增加十倍。最好的办法是，与你惧怕的对象保持一点儿距离，一步一步，慢慢地接近它。这样，你会越来越适应你害怕的处境。

因恐而拒，常与机会失之交臂

机会总是伴随着一定风险或困难的，如果你总是心怀恐惧，就一定会与机会失之交臂，因此，抛掉你的恐惧心吧，这样才能把握住机会。

有一个人，在某天晚上碰到了上帝。上帝告诉他，有大事要发生在他身上，他有机会得到很多的财富，他将成为一个了不起的大人物，并在社会上获得卓越的地位，而且会娶到一个漂亮的妻子。

CHAPTER 05　惧·情绪
这些年，你到底都在害怕些什么？

这个人终其一生都在等待这个承诺的实现，可是到头来什么事也没发生。

这个人穷困潦倒地度过了他的一生，最后孤独地死去。

当他上了天堂，又看到了上帝，他很气愤地对上帝说："你说过要给我财富、很高的社会地位和一个漂亮的妻子，可我等了一辈子，却什么也没有，你在故意欺骗我！"

上帝回答他："我没说过那种话，我只承诺过要给你机会得到财富、一个受人尊重的社会地位和一个漂亮的妻子，可是你却让这些机会从你身边溜走了。"

这个人迷惑了，他说："我不明白你的意思？"

上帝回答道："你是否记得，你曾经有一次想到了一个很好的点子，可是你没有行动，因为你怕失败而不敢去尝试？"

这个人点点头。

上帝继续说："因为你没有去行动，这个点子几年后另外一个人想到了，那个人一点也不害怕地去做了，你可能记得那个人，他就是后来全国最有钱的那个人。还有一次在城里发生了大地震，城里大半的房子都毁了，好几千人被困在倒塌的房子里，你有机会去帮忙拯救那些存活的人，可是你害怕小偷会趁你不在家的时候，到你家去打劫，偷东西而没有去救别人。"

这个人不好意思地点点头。

上帝说："那是一个能让你拯救几百个人的好机会，而那个机会可以使你在全国得到莫大的尊敬和荣耀啊！"

上帝继续说："有一次你遇到一个金发蓝眼的漂亮女子，当时你被她强烈地吸引了，你从来不曾这么喜欢过一个女人，之后再也没有碰到过像她这么好的女人。可是你想她不可能会喜欢你，更不可能会答应跟你结婚，因为害怕被拒绝，你眼睁睁地看着她从你身旁走开了。"

这个人又点点头，可是这次他流下了眼泪。

上帝最后说："我的朋友啊！就是她，她本来应该是你的妻子，你们会有好几个漂亮的小孩子；而且跟她在一起，你的人生将会有许许多多的乐趣。"

这个人无言以对，懊恼不已。

我们身边每天都会有很多的机会，包括爱的机会。可是我们经常像故事里的那个人一样，总是因为害怕而停止脚步，结果机会就这样偷偷地溜走了。只有及时抓住机会的人，才能取得人生的成功；而在有准备的人眼中，抓住机会努力改变自己，更多的机会才会出现在眼前。

机会是留给有勇气的人的，而我们往往因为害怕失败而不敢尝试，因为害怕被拒绝而不敢跟他人接触，因为害怕被嘲笑而不敢跟他人沟通情感，因为害怕失落的痛苦而不敢对别人做出承诺。

能否把握机会，实在是决定人生能否成功、是否如意的关键。用一种积极进取的态度对待生活，我们的人生就会得到提升。机会不等人，千万不要让它从你指缝中溜走，否则你将会一事无成。

因为逃避，我们才与富贵无缘

从成功学的角度说，如果一个人不敢向高难度的生活挑战，就是对自己潜能的限制。这样只能使自己无限的潜能得不到发挥，白白浪费掉。这时，不管你有多高的才华，工作上也很难有所突破，职场上遭遇挫折更不是什么新鲜事。

从心理学的角度说，等着挨打的心情是消极的，那种等待的过程与被打的结果都是令人沮丧的。

苹果公司已经成为超级企业。一直以来，大家都只知道已故的乔布斯先生是苹果公司的创始人，其实在三十多年前，他是与两位朋友一起创业的，其中一名叫惠恩的搭档，被美国人称为"最没眼光的合伙人"。

惠恩和乔布斯是邻居，两个人从小都爱玩电脑。后来，他们与另一个朋友合作，制造微型电脑出售。这是又赚钱又好玩的生意。所以三个人十分投入，并且成功地制造出了"苹果一号"电脑。在筹备过程中，他们需要花费很多钱。这三位青年来自于中下阶层家庭，根本没有什么资本可言，于是三人四处借贷，请求朋友帮忙。三个人中，惠恩最为吝啬，只筹得了相当于三个人总筹款的十分之一。不过，乔布斯并没有就此说什么，仍成立了苹果电脑公司，惠恩也成为了小股东，拥有了苹果公司十分之一的股份。

"苹果一号"一上市就大受市场欢迎，销售额达到了近十万美元，扣除成本及欠债，他们赚了4.8万美元。在分利时，虽然按理惠恩只能分得4800美元，但在当时这已经算是一笔丰厚的回报了。不过，惠恩并没有收取这笔红利，只是象征性地拿了500美元作为工资，甚至连那十分之一的股份也没要，便急于退出了苹果公司。

当然，惠恩不会想到苹果公司后来会发展成为超级企业。否则，即使惠恩当年什么也不做，继续持有那十分之一的股份，到现在他的身价也足以达到十亿美元了。

那么，当年惠恩为什么会愿意放弃这一切呢？原来，他很担心乔布斯，因为对方太有野心，他怕乔布斯太急功近利，会使公司负上巨额债务，从而连累自己。

惠恩在放弃自己应该承担的责任的同时，也就宣告与成功及财富擦肩而过了。

事实上，像惠恩一样总想着逃避的人并不在少数，当今社会，面对责任，许多人都在"躲猫猫"。面对社会的压力，许多人被压弯了脊梁骨，这种行为从心理学上来看也是不正常的。许多研究心理健康的专家一致认为，适应良好的人或心理健康的人，能以"解决问题"的心态和行为面对挑战，而不是逃避问题。

一个人在心理状况最糟糕的状态下，不是走向崩溃就是走向希望和光明。有些人之所以有着不如意的遭遇，很大程度上是由于他们个人的主观意识在起决定性作用，他们选择了逃避。如果我们能够善待、接纳自己，并不断克服自身的缺陷，克服自己的逃避心理，那么我们就能拥有更为完美的人生。

不可能，只是你的借口而已

在做一件事前，很多人常会对自己说："算了吧！这是不可能的。"其实所谓的"不可能"，只是他们不敢去面对挑战的借口，只要你大胆去尝试，你就可以把很多"不可能"变成轻而易举的事。

大多数人认为不可能做到的事肯定是十分困难，甚至是难以想象的事。因为太难，所以畏难；因为畏难，所以根本不敢尝试；不但自己不敢去尝试，认为别人也做不到。

其实，世上没有什么不可能办到的事，办成只是个时间问题。客观上没有"不可能"，并不等于主观上没有"不可能"，如果主观上认为"不可能"，那就真的不可能了；主观上认为"可能"，那么，任何暂时的"不可能"终究会变成"可能"。

李岚从小就受过正统音乐的训练，但开始唱歌却是最近几年的事，从前甚至有人声称她没有唱歌的天赋，因为她的声音里有一种沙哑的味道，而这些味道是当时流行乐坛所没有的。但李岚的音乐才能并没有被无情的嘲讽所埋没，她也没有因为被别人否定、自己的嗓音不好而自卑，相反，这更激起了她学习音乐的热情。开始她以填写歌词为主，那时她正在南加大电影学院专攻剧本创作，偶尔的机会她进了录音棚并引起了别人的注意，于是便加入了巡回演出的爵士乐团，真正的开始了她的演唱生涯，1998年无疑是她音乐事业的一个转折点，Epic唱片公司与李岚签约，开始着手准备《On How Life Is》专辑的录制工作，这张专辑的音乐风格极具多样化，Hip-Hop、黑人灵歌、说唱、疯克、摇滚等乐风的有机结合不得不让人赞叹不已，音乐整体风格呈现出一种悠闲自得、一气呵成的特点，使听者的情绪随着音乐的节奏和曲调不断变换，质感十足且细致入微的声音和巧妙的编曲尤其让人陶醉……

其实，所谓名人并没有什么统一的标准，也许，名人就是心灵自由的人。相比较他们头上的光环，他们身上那种很自信、很自我的状态，才是最让人羡慕的东西。

胆怯是人生成功的大敌，它会损耗你的精力，折磨你的身心，缩短你的寿命，让你失去信心，阻止你获得人生中一切美好的东西，克服它你才能给自己赢得一次成功的机会，如果你不愿失败，就立即行动向胆怯挑战，人生的路很漫长，如果你一直都无法面对心底的这个魔鬼，到头来后悔也就来不及了。

敢于直面胆怯，克服你的胆怯心理，人生便不再永远黑暗，敢于争取的女人才会给自己争取成功境界里的一席之地，如果你无法战胜自己的胆怯心理，幸福也就会与你擦肩而过。

CHAPTER 05　惧·情绪
这些年，你到底都在害怕些什么？

打败你的常常是"退堂鼓"

许多失败者的悲剧，就在于被前进道路上的迷雾遮住了眼睛，结果在胜利到来之前的那一刻，自己打败了自己，因而也就失去了应有的荣誉。

很多时候，不是我们没有机会，而是在机会面前，我们因为懦弱、因为懒惰，因为种种原因，并没有全力以赴。有时候，我们不得不承认，只要我们勇敢一些，我们就会做到很多事情，而很多事情在很好的完成之后，我们就会有更多的勇气，去迎接更多的挑战。而我们的人生，也会在这些机会，这些挑战中变得更好，或者说有不同的结局。但是，也不可时光倒流，所以我们只有在不断努力中抓住机会。

那些对人生充满懊悔的人常常是这样，开始的时候，凭着一股冲劲，雄心万丈，然而经过长途跋涉，感到苦了、累了，信心就开始动摇，开始打退堂鼓，因此不能全力以赴，坚持到底，以致前功尽弃。

弗洛伦丝·查德威克因为是第一个成功横渡英吉利海峡的女性而闻名于世。在此两年后，她从卡德林那岛出发游向加利福尼亚海滩，想再创一项前无古人的纪录。

那天，海面浓雾弥漫，海水冰冷刺骨。在游了漫长的 16 个小时之后，她的嘴唇已冻得发紫，全身筋疲力尽而且一阵阵战栗。她抬头眺望远方，只见眼前雾霭茫茫，仿佛陆地离她还十分遥远。"现在还看不到海岸，看来这次无法游完全程了。"她这样想着，身体立刻就瘫软下来，甚至连再划一下水的力气都没有了。

"把我拖上去吧！"她对陪伴着她的小艇上的人说。

"咬咬牙，再坚持一下。只剩一英里远了。"艇上的人鼓励她。

"别骗我。如果只剩一英里，我就应该能看到海岸。把我拖上去，快，把我拖上去！"

于是，浑身瑟瑟发抖的查德威克被拖上了小艇。

小艇开足马力向前驶去。就在她裹紧毛毯喝了一杯热汤的工夫，褐色的海岸线就从浓雾中显现出来，她甚至都能隐隐约约地看到海滩上欢呼等待她的人群。到此时她才知道，艇上的人并没有骗她，她距成功确确实实只有一英里！她仰天长叹，懊悔自己没能咬咬牙再坚持一下。

然而，懊悔又有什么用，她终究因为未尽全力而失去了这次创造纪录的机会。人生中的很多事情都是如此，其实并不是做不到，而是因为你没有尽力。如果尽力了，即使失败又如何？苦难对于一个天才是一块垫脚石，对于能干的人是一笔财富，而对于庸人却是一个万丈深渊。坚强刚毅的性格和坚持到底的韧劲是强者区别于庸者的必要条件。失败并不可怕，在厄运面前不屈从，在困难面前不低头的人，永远比在挫折和打击面前垂头丧气、自暴自弃的人活的更精彩。

凡事贵在尽力而为。人往往都能在事业初期充满了奋斗的热情，保持旺盛的斗志，在这个阶段普通人与杰出的人是没有多少差别的。然而往往到最后那一刻，顽强者与懈怠者便显示出了不同。前者咬牙坚持到胜利，后者则丧失信心放弃了努力，于是便得到了不同的结局。

CHAPTER 05 惧·情绪
这些年，你到底都在害怕些什么？

现在，你必须直面内心的"魔鬼"

恐惧是来自内心的魔鬼，它会毒害你，扼杀你的信心、勇气，让你变成一个彻头彻尾的胆小鬼、失败者。因此你必须消灭它，这样你才能活得轻松快乐。

身处困境中如果你认为自己真的完了，那你就永远失去了站立的机会。

两人结伴横穿沙漠，水喝完了，其中一个中暑病倒，不能再走了。另外那个健康而又饥饿的人对同伴说："好吧，你在这里等着，我去寻找水源。"他把手枪塞在同伴的手里说："枪里有五发子弹，记住，三个小时后，每小时对天空鸣枪一声，枪声会指引我，我会找到正确的方向，然后与你会合。"

两人分手，一个充满信心地去找水，一个满腹狐疑地卧在沙漠里等待。他看表，按时鸣枪。除了自己以外，他很难相信还会有人听见枪声。他的恐惧加深，认为那同伴找水失败，中途渴死了。不久，又觉得同伴找到水，弃他而去，不会再回来了。

到应该鸣第五枪的时候，这人悲愤地思量："这是最后一颗子弹，伙伴早已听不见我的枪声了，等到这颗子弹用完之后，我还有什么期望呢？我只有等死而已。而且，在一息尚存之际，鹰会啄瞎我的眼睛，那是多么痛苦，还不如……"于是，第五次鸣枪时，他用枪口对准了自己的太阳穴。

不久后，那提着满壶清水的同伴领着一队骆驼商旅循声而至，但找到的却是一具尸体。

不可否认，每个人都曾有过恐惧，但有些人走过了一个坎，翻过了一座山，终于学会了勇敢；有些人走过了一个坎，却难翻过一座山，于是他们面对的只有悲剧。

某大公司招聘职员，有一位刚毕业的应聘者面试后，等待录用通知时一直惴惴不安。等了好久，该公司的信函才寄到了他手里，然而打开后却是未被录用的通知。这个消息简直让他无法承受，他对自己的能力失去了信心，觉得再去其他公司面试也会一败涂地，于是服药自尽。

幸运的是，他并没有死，刚刚抢救过来，又收到该公司的一封致歉信和录用通知，原来电脑出了点差错，他已经被录取了。这让他十分惊喜，急忙赶到公司报到。

公司主管见到他的第一句话却是：

"你被辞退了。"

"为什么？我明明拿到了录用通知。"

"是的，可是我们刚刚得知你因为收到未被录用的通知而自杀的事，我们公司不需要连一点挫折打击都受不了的人，即使你再有能力，我们也不打算录用。因为公司今后可能会出现危机，我们需要员工不畏艰难与公司共存亡，如果员工自己都无法克服畏惧心理，怎么能让公司转危为安？"

这位应聘者彻底失去了这份工作，原因何在呢？很显然，是因为他对自己的能力没有正确的评价。受了一丁点打击便轻视自己而畏缩不前，对未来不抱有希望，这是心理极度脆弱的表现。他没有想到自己失去工作，不是失在严格而苛刻的面试上，也不是败给实力不俗的竞争对手，恰恰是自己的畏惧，挡住了自己梦寐以求的发展道路。

恐惧是人生成功的大敌，它会损耗你的精力，折磨你的身心，缩短你的寿命，让你失去信心，妨碍你获得人生中一切美好的东西，克服它你才能给自己赢得一次成功的机会，如果你不愿失败，就立即行动起来向恐惧挑战吧，人生的路很漫长，如果你一直都无法面对心底的这个"魔鬼"，你永远不会成功。

大胆地走到人群中去

现实生活中，不少人由于内向的性格或消极的人生态度，会惧怕或者拒绝参加社交活动，然而，想在现代社会中生存，不可避免地要与人打交道：你需要与人交谈，需要在公共场合发表你的意见，或是在谈判、晚宴等各种社交场所与人斡旋。如果你一再心存恐惧，远离人群，无法正常社交，必然会影响到你的生活与工作。

因此，想要成功建立起关系到我们一生好坏的人际关系网络，对于有社交障碍的人来说，首先就要调节恐惧情绪，突破心理的障碍。

小郑是一名刚刚毕业的大学生，虽然她成绩优异，但她长期以来一直经受着社交心理障碍的困扰和折磨。她从小性格内向、胆小、孤僻，再加上父母管教严格，除了学校和家外，她很少在外玩耍。

上了大学，她更加害怕和人接触。她认为自己是个怪人，怪毛病就是恐惧。上大学以来，就连自己身边的同学，她都不敢多说话，与人讲话时不敢直视别人，眼睛躲躲闪闪，像做了亏心事似的，一说话脸就发烧。她不愿与其他同学接触，觉得别人讨厌自己，自己在别人眼中就是个"怪人"。更为严重的是，现在她连在自己的亲友面前都感到极不"自然"了。

毕业了，同学们都忙着投简历，参加各种招聘会，而她看到面试官就紧张得说不出话来。为此，她懊恼极了，不知道该如何克服这个毛病。

无疑，小郑就是有恐惧心理障碍的那种人。而导致她不敢与人交往的原因，多半源于恐惧。这样的人在与陌生人接触的时候，会习惯性地用冷漠把自己包裹起来。

那么，什么是恐惧？它的根源在何处？为什么它能困扰人们，使那么多人变得胆小懦弱、不敢与人接触呢？其实恐惧并没有我们想象的那么可怕，恐惧只是一个单纯的思想问题，是想象中的妖魔鬼怪，当我们意志坚定、内心强大的时候，它就不会对我们造成任何威胁。

1. 摆脱惧怕观念

我们知道惧怕与人交往是一种心理疾病，其实，它更是一种观念问题。让我们来假设一种情形：如果我们周围所有的人在与别人接触的时候，都会感到紧张、心慌、面红耳赤、语无伦次，而且这种症状越明显、越合理、越受人欢迎，那么社交恐惧症的患者就不会再感到担心和害怕了。因此，调节社交恐惧症的关键就在于让患者放下心中的"担心",一旦"担心"被放下,社交恐惧症就可能在极短的时间内治愈。

2. 不要过高估价别人

处处高估别人,认为自己不如他,甚至一无是处,这是不对的。应当多想一想自己的长处,以此增强自己的自信心,进而达到消除和缓解紧张的目的。

3. 多参加一些集体活动

害怕与人交往的人越是害怕越是容易逃避,越是逃避越是害怕。所以,要尽量多地参加一些集体活动来克服这种障碍,当你与人交往的次数多了,自然也就不害怕了。

4. 直接向对方表达自己的紧张和焦虑

比如当你去拜访一位领导的时候,为了消除自己的紧张情绪,你可以说"您好!见到您很高兴,但是由于很仰慕您,所以见到您有点紧张!"当你向对方表达出自己的心声之后,那么,你的紧张和焦虑也就随之减少了很多。

5. 拥有一颗平常心

以平常心来对待,也就是当你在与人接触时,不要把对方看得很重要,保持顺其自然的心理,该做什么事就做什么事,坚持把自己该做的事和能做的事做好。

其实,你越是害怕与人打交道,你的人际交往能力就越差,与别人的人际心理距离就越大。当你克服恐惧情绪之后,你就会变得越来越强大,也就更加喜欢与人接触,更不会再受社交恐惧的折磨了。

异性，没有你想象的那么可怕

异性恐惧症属于人际交往障碍的一种，主要表现为对异性的过度恐惧，当事者本身有与异性接近的强烈愿望，但又对此有着严重的焦虑，他们越想要掩盖些什么，就越会遭到反噬，越会紧张、焦虑、恐惧，这让他们痛苦不已。

小孙出门就祷告："千万别再遇到美女了！"这是什么逻辑？爱美之心人皆有之嘛。"因为这个怪毛病，我错过了一个很好的工作机会。"小孙说起此事就很郁闷。

一个月前，在朋友的引荐下，小孙前往一家金融公司面试，面试官是位漂亮大方的主管。小孙一见到她就异常紧张，说话时不敢看对方，眼睛左躲右闪，就像做了什么亏心事一样，不得不低下头盯着自己的脚尖。过了一会儿，小孙开始感到自己的脸在发烧，心跳加速，全身发抖。面试到一半，他就说不下去了，被对方"请"了出来。

小孙自小就很内向，每次和女生说话都结结巴巴。一开始，小孙以为自己天生就不善交际，于是他开始自测，结果是：他与男性可以正常交往，即使是陌生人也可以挥洒自如；可一旦到女性面前，就完全变样了。比如，有一段时间小孙乘公交车专坐美女旁边，逛超市特意走在年轻女性身后，买东西只找妙龄服务员……结果，每次屁股还没坐热就赶紧换位子,没在人家身后走多久就赶紧掉头离开,刚搭上两句话就赶紧闪人……对小孙来说,真的是"美女如蛇"。

为了避免别人看出自己的不自然,小孙尽量避免和陌生女性接触,结果越躲越严重,现在,他还没有和异性开口说话就会满脸通红。因为这个毛病,小孙快40了还没有成家,父母兄弟都为他着急上火。

事实上,小孙是患上了异性恐惧症,是一种较常见的心理病。因为小孙发现问题以后想的不是如何克服,而是千方百计去逃避,所以症状才会越来越严重。

异性恐惧症在最初阶段往往会被当事者及其周围的人误当作是内向、害羞,因而得不到及时的治疗,因此越来越敏感、自卑,然后才逐渐发展成为困扰生活的心理障碍。所以,当你感到自己害怕接触异性时,及时做好自我评估是很有必要的。那么,看看以下这些情况哪些在你身上持续发生过:

1. 在异性面前,总是不知将手如何安放是好,眼睛不知道该往哪里看,拼命地注意自己的形象。

2. 当异性注视你的时候,你会尤其紧张、不安,甚至会因此而"生气"。

3. 在与异性共处时,总是产生一些停不下来的古怪想法,例如对方喜欢自己、对方讨厌自己,甚至是对方不穿衣服。

4. 常常害怕异性会对自己做些什么,并因此脸红、口干舌燥、出汗……极度没有安全感。

5. 即使异性并没有和你接触,只是在你身边存在,比如公交车上并排而坐,你也会不知所措,无法集中注意力。

6. 当异性主动与你交往的时候,你会因想掩饰自己的紧张而拒绝交往。

如果有两条以上在你身上持续发生过，就说明你患上了异性恐惧症，需要及时寻求专业医疗机构的治疗并做好自我调节了。

1.要有正确的心理认知，承认自己的心理缺陷，并愿意配合心理医师进行治疗。

2.要对两性关系形成正确的认知，学会妥善处理与异性交往受到的心理挫折。由挫折导致难堪，会引起心理上的反感，害怕与异性交往。应认识到，不能以偏概全，受到一些人的拒绝，甚至是嘲讽，并不意味着所有人都会拒绝你、嘲讽你。如果一味地躲藏，就会形成恶性循环。

我们应该认识到，这个世界上绝大多数的交往都是善意的。要勇敢地接受自己的真心，不要让阴影占据着自己的内心，所有的伤害与恐惧都将成为过去。

| 卑·情绪 |
别人看你挺好，你却总是看低自己

自卑，是心灵的最软弱无力。当你长期被自卑情绪所困扰时，即使生活顺风顺水，也不会感到幸福；如果你能被积极情绪所环绕，并懂得将它转化为自己内心的力量，它就会由内而外爆发出无穷的力量，让你从平庸走向非凡。

自卑，让我们毫无生气

世界上大多数不能走出生存困境的人，都是由于对自己信心不足，他们就像一棵脆弱的小草一样，毫无信心去经历风雨，这就是一种可怕的自卑心理。

小张出生在一个偏僻的小山村，父母都是的农民。他从小就受过不少欺负，因为家里穷，他总是忍气吞声。但他脑子聪明，又刻苦用功，终于考上了大学。按理说，他可以扬眉吐气了，可是恰恰相反，他那种自卑心理、封闭意识更严重了。

他比较自己和周围人的衣着打扮、生活用具、家庭状况之后，得出一个结论：自己的一切都不如他人，自己家乡的一切都不如他人，自己不好意思，甚至不配与他们一起谈话做事。于是，他从不主动与同学们说话，总是低着头走路、蒙着头睡觉。班里、系里组织的文娱、体育活动，他能逃避尽量逃避，不能逃避则蹲角落、排队尾，他唯一的想法是不进入同学们的视野。他总觉得，人家看他的目光都是对他挑剔、讽刺、挖苦、嘲笑。

一次，班里组织元旦联欢晚会，他去了。同学们击鼓传花表演节目，他坐在角落里局促不安。当鼓点在他那里停止时，他窘迫得面色苍白，尴尬难堪了一阵后，冲出了房间，眼泪在他眼眶里打转。另一次，班里中秋节聚餐，同学们都兴致勃勃。当大家举杯为全班同学的友谊干杯时，竟发现他不在。班长回宿舍一看，他正把头蒙在被子里抽泣。小张的孤独，同学和班干部都看在眼里，但是他以强烈的自卑心理和封闭意识，拒人于千里之外。于是，随着时间的推移，同学哀叹其不幸，但再没有人主动找他说话、帮助他。他总唉声叹气，对任何事都没有一点兴趣。随着课程及心理负荷的加重，小张终于在大学二年级下学期，精神崩溃了。那个学期期末考试，他好几科不及格。按照学校规定，应该留级。这对本来心理压力就很重的他来说，无异于伤口上撒盐。他得知这一消息后，坐立难安，当天夜里，他失踪了。最后，人们在学校后面的湖里发现了他的尸体。

自卑就像一条啮噬心灵的毒蛇，不仅吸食心灵的新鲜血液，让人失去生存的勇气，还在其中注入厌世和绝望的毒液，最后让健康的机体死于非命。

自卑所造成的问题是不论你有多么成功，或是不论你有多么能干，你总是想证明自己是否真的是多才多艺。换言之，很多人都倾向于为自己设定一个形象，而不肯承认真正的自我是什么。

你总是把自己认为的劣势时刻放在脑子里，以提醒自己的不足，并把这些不足与他人的优势相比较。因而，越比越觉得自己不如他人，从而忽略了自身的优势，降低了自己的自信心。

假如让自卑控制了你，那么，你在自我的评价上就会毫不犹豫地贬低自己，不敢在他人面前表达自己的观点，不敢向他人表白，不敢挥洒自己，总是显得很拘谨畏缩。同时，对外界、对他人，特别是对陌生环境与陌生人，心存一种畏惧。出于一种本能的自我保护，便会与自己畏惧的东西隔离和疏远，这样便犹如将自己囚禁在了一个孤独的城堡之中。假如说别的消极情绪可以使一个人在前进路上暂时偏离目标或减缓成功的速度,那么一个长期处于自卑状态的人根本就不可能有成功的希望,甚至已有的成绩也不能唤起他们的喜悦、兴奋和信心,他们只会一味地沉浸在自己失败的体验里不能自拔,对什么都不感兴趣,对什么都没有信心,不愿走入人群,也拒绝别人靠近。

只有控制住自卑,人们才敢于积极进取,成为一个有创造精神的人;才能开拓事业的新局面,为成功打下坚实的基础;也才会有积极的人生态度,活得开朗、开心;才会勇于承担责任,成为一个有责任心的人。

越自怜,越不能从泥潭中自拔

沉浸在沮丧之中不能自拔的人,最终只能使自己变得更加沮丧。

崔女士今年 36 岁,但给人的感觉就像到了更年期一样,她在朋友、同事面前做得最多的事就是抱怨自己的"不幸":丈夫的收入没有朋友的老公高;孩子不像同事家孩子那样听话;大学时样样不如自己的人,现在开着豪车住着豪宅,等等。她一边抱怨,一边说自己可怜,说着说着眼圈就红了,声音也开始哽咽了。事实上,崔女士的生活在同龄人中算是不错的:老公是一家事业单位的骨干;一儿一女都长相清秀,聪明伶俐;她本人也拿着不低的工资;生病了还有医疗保险……可是，崔女士将注意力都集中在了那些"可怜"的事情上，见人就说，弄得朋友、同事也对她敬而远之，往往崔女士一开口，大家都唯恐避之不及，觉得她太矫情，"明明挺好的，干吗'故意'把自己说得那么惨……"

从心理学来看，崔女士其实是产生了自怜情结。这种情结是随着社会进步而蔓延开来的。一方面，商品经济社会不可避免地令人的欲望升腾，现实与需求之间的鸿沟越来越大，让人备感失落；另一方面，生活条件的改善让人们拥有了更多的控制感，而对"失去"的担心让人们越发觉得心里没底，最终丧失了平常心。于是，在这种心理失衡的背景下，人们经常感到自己"太不容易了"。

"自怜"的发展有两个阶段：

第一阶段是假性自怜。内在的原因往往是希望获得理解，维护自己的"自尊"。一些人觉得自己生活得不如别人，于是便利用各种可能的场合，向大家解释造成这种状况的各种"不可控"因素，表现为自怜，比如说：向别人表示自己怀才不遇，一再强调不是自己不行，而是领导有眼无珠。

第二阶段才是真性自怜。当假性自怜成为一种习惯以后，随着时间的推移，当事者会产生抑郁情绪。到了这一阶段，他们已经很难意识到自怜的初衷——维护自尊，而是深陷其中了。这个时候，别人看他们挺好，他们却陷入自卑自怜的恶性循环之中。

现代都市中，像崔女士一样喜欢"自怜"的人不在少数，他们就像祥林嫂一样，逢人便诉说自己的"不幸遭遇"，似乎这个世界上最值得同情的人就是他们自己。他们原本是希望得到别人的理解和认同，结果却让周围的人越发反感，导致自己的生活圈子越来越狭小、朋友越来越少。

其实，自怜和冷热痛痒一样，也是一种自我察觉，是对现在状态的自我描述，然后会有相应的情绪和行为来进行自我调节。从这个角度上说，自怜虽然是一种消极心理，但适当的自怜也是有益身心的。打个比方来说，知道冷了就添衣显然有助于身体健康，那么"委屈"就像是心理健康的警戒线，督促人们及时心理"排毒"，这显然对身心健康也是有益的。不过，凡事过犹不及，自怜心理一旦过了头，对人对己都是有害的。

那么，该如何抛开自怜呢？

1. 别把自怜当成美

这一点是对文艺青年说的。我们不能忽略这样一个现象，在当代，很多娱乐节目、电影、小说都在消费苦难，对痛苦进行病态的审美，仿佛非要较个"谁比我更惨"的真。很多原本便多愁善感的文艺青年都沉溺其中，尤其是女文艺青年往往会认为《红楼梦》中黛玉"葬花吟"的情愫是诗一样美丽的。但事实上，这种情愫在文艺作品中欣赏一下即可，真的把它带到生活中，并没有多少好处和美感。当一个人不断强调和暗示自己多么可怜、多么悲惨时，他极有可能就真的变得很惨了。这在心理学上叫"自我实现的寓言"，就是说你内心的想法创造了你个人的实相。

2. 觉察到正身处自怜中

所谓"自知者明"，假如两个人都有自怜情愫，一个人觉察到了自己的非正常状态，而另一个仍混沌无知，那么前者肯定比后者更容易抛开自怜。觉察，即摆脱了"无明"的状态，这往往是改变的开始。觉察会让人看清自己真实的情况，及时停止那些消极的暗示。

3. 接纳生命中的失控和失序感

虽然"掌控"的感觉非常好，但必须承认，这个世界上人所无法掌控的事情太多，别人的世界无法掌控，未来无法掌控，甚至有时连自己都无法掌控，失控感是人常常需要面对的事情。竭力想要掌控一切，必然会带来压力与焦虑，适度的放松控制，对身心都是一种平衡和助益。允许失控感的出现，接纳生命中出现的那些失控与失序，不要求一切尽在掌控，心就会进入一个更高层次的境界。

你生命的缺陷，不该成为堕落的借口

对于一个人来说，缺陷确实是一件非常残酷的事情，可你不能因此而自卑消沉。既然缺陷无法改变，那么就要正视它，把它当成前进的动力。

"假如我能站起来吻你，这个世界该有多美啊！"

这句话是张海迪对自己的丈夫说过的一句话。可是，张海迪不能站起来，命运让她坐在轮椅上度过她的一生。那么，在张海迪的眼里，这个世界就不美了吗？不是，在张海迪的眼里，这个世界依然美丽，只是自己只能坐在轮椅上欣赏这个世界的美丽。缺憾并不妨碍她笑对世间的心情。她有一个爱她的丈夫，有一个令许多健全人都羡慕的温馨的家。她不会因为身体的残疾逃避世人的目光。相反，她更注重与人的沟通。她会让别人给她倒水、会让人帮她拿放在高处的东西、会让人推着她出席各种活动……她丝毫不会觉得自卑、羞于见人，所以，她活得洒脱、活得幸福。

幼时的张海迪与常人无异，爱唱、爱跳、爱玩、爱闹。但不幸在她五岁时降临了，她被确诊为脊髓血管瘤，经过了多次脊椎穿刺之后，病情仍不见好转。

1973年，全家人从农村返回莘县县城，那时的张海迪最想要的就是工作，她盼望能早日成为自食其力的人，但由于身体残疾，张海迪一直待业在家。深深的自卑感困扰着她，特别是当她无意间发现了自己的病历卡，"脊椎胸五节，髓液变性，神经阻断，手术无效"的字迹赫然映入眼帘时，张海迪萌发了轻生的念头。

但在家人的帮助下，张海迪的情绪逐渐稳定了下来。冷静思考之后，张海迪学起了针灸，并为周围的人治病。在不断地学习和帮助他人的过程中，她看到了自己的价值，并从自卑的阴影中走了出来，最终活出了自信和光彩。

美国的国会议员爱尔默·托马斯曾说：

"15岁时，我常常为忧虑、恐惧和自卑所困扰。比起同龄的少年，我长得实在太高了，而且瘦得像根竹竿。我有6.2英尺高，体重却只有118磅。除了比别人高之外，在棒球比赛或赛跑各方面都不如别人。他们常取笑我，给我取了一个'马脸'的外号。我的自卑感特强，不喜欢见任何人，又因为住在农庄里，离公路远，也碰不到几个陌生人，平常我只见到父母及兄弟姐妹。

"如果我任凭烦恼与自卑占据我的心灵，我恐怕一辈子也无法翻身。一天24小时，我随时为自己的身材自怜，别的什么事也不能想。

CHAPTER 06 卑·情绪
别人看你挺好，你却总是看低自己

我的尴尬与惧怕实在难以用文字形容。我的母亲了解我的感受，她曾当过学校教师，因此告诉我：'儿子，你得去接受教育，既然你的体能状况如此，你只有靠智力谋生。'

"可是父母无力送我上学，我必须自己想办法。我利用冬季捕捉一些貂、浣熊、鼬鼠类的小动物，春天来时出售得4美元。再买回两头猪，养大后，第二年秋季卖得40美元。以这笔钱，我到印地安那州去上师范学校。住宿费一周1.4美元，房租每周0.5美元。我穿的破旧衬衫是我妈妈做的（为了不显脏，她有意用咖啡色的布），我的外套是父亲以前的，他的旧外套、旧皮鞋都不适合我用，皮鞋旁边有条松紧带，已经完全失去了弹性，我穿着走路时，鞋子会随时滑落。我没有脸去和其他同学打交道，只有成天在房间里温习功课。我内心深处最大的愿望是，有一天我能在服装店买件合身而体面的衣服。"

想想当时爱尔默·托马斯的处境是多么悲惨，生理的缺陷和生活的贫穷同时困扰着他。但托马斯没有消沉，在克服自卑之后他的人生之路越来越顺利，50岁那年，托马斯成了俄克拉荷马州的国会议员。

越研究那些有成就者的事业，你就会越加深刻地感觉到，他们之中有非常多的人之所以成功，是因为他们开始的时候有一些会困扰他们的缺陷，促使他们加倍地努力而得到更多的报偿。正如威廉·詹姆斯所说的："我们的缺陷对我们有意外的帮助。"

"如果我不是有这样的残疾，"那个在地球上创造生命科学基本概念的人写道，"我也许不会做到我所完成的这么多的工作。"达尔文坦然承认他的残疾对他有意想不到的帮助。

在现实之中，我们不能不承认自己在某些方面"确不如人"，这是很自然的事。但是，这种现实的差距并不代表我们就是一个没有能力的"低能儿"，更不应把这种差距变为自己失败的借口。

每个人都不会"十分完美"，都有各自的缺陷，但也有自己突出的优点。突出你的优点，正视你的缺陷，这就是你要做好的事。

接受并欣赏自己的不完美

人生确实有许多不完美之处，每个人都会有这样或那样的缺憾。其实，没有缺憾我们就无法去衡量完美。仔细想想，缺憾其实不也是一种美吗？

一位心理学家做过这样一个实验：他在一张白纸上点了一个黑点，然后问他的几个学生看到了什么。学生们异口同声地回答，看到了黑点。于是，心理学家得到了这样的结论：人们通常只会注意到自己或他人的瑕疵，而忽略其本身所具有的更多优点。是呀，为什么他们没有注意到黑点外更大面积的白纸呢？

一位人力三轮车师傅，五十多岁，相貌堂堂，如果去当演员，应该属偶像派。当别人问他为什么愿做这样的"活儿"，他笑着从车上跳下来，并夸张地走了几步给人家看，哦，他原来是跛足，左腿长，右腿短，天生的。

问者很尴尬，可他却很坦然，笑着说，为了能不走路，拉车便是最好的伪装，这也算是"英雄有用武之地"。他还骄傲地告诉别人："我太太很漂亮，儿子也帅！"

有这样一位女子，她喜欢自助旅行，一路上拍了许多照片，并结集出版。她常自嘲："因为我长得丑，所以很安全，如果换成是一个美女自助旅行，那就很危险了。我得感谢我的丑！"

英国有位作家兼广播主持人叫汤姆·撒克，事业、爱情皆得意，但他身高只有1.3米，他不自卑，别人只会学"走"，他学会了"跳"，所以，他成功了。他有句豪言："我能够得到任何我想要的东西。"

其实，在人世间，很多人注定与"缺陷"相伴而与"完美"相去甚远。渴求完美的习性使许多人做事比较小心谨慎，生怕出错，因此，必然导致其形成保守、胆小等性格特征。在现实生活中我们不难发现，有的人一表人才，举止得体，说话有分寸，但你和他在一起就是觉得没意思，连聊天都没丝毫兴致。这些人往往是从小接受了不出"格"的规范训练，身上所有不整齐的"枝杈"都被修剪掉了，于是便失去了个性独具的风采和神韵，变得干巴、枯燥，没有生机，没有活力。客观地说，人性格上的确存在着"缺陷美"，即在现实生活中，那些性格有"缺陷"而绝对不属于十全十美的人反而显得更具有内在的魅力，也更具有吸引力。

不仅人自身是不完美的，我们生活的世界也是布满缺憾的。比如：有一种风景，你总想看，它却在你即将聚焦的时候巧妙地隐退；有一种风景，你已经厌倦，它却如影随形；世界很大，你想见的人却杳如黄鹤；世界很小，你不想看见的人却频频进入你的视线；有一种情，你爱得真、爱得纯，爱得忘了自己，而他（她）却视如垃圾，如果能够倒过来多好，可以不让自己再承受痛苦。世上有许多事，倒过来是圆满,顺理成章却变成了遗憾。然而,世上的许多事情正在顺理成章地进行着,我们没办法将它倒过来。

缺陷和不足是人人都有的,但是作为独立的个体,你要相信,你有许多与众不同甚至优于别人的地方,你要用自己特有的形象装点这个丰富多彩的世界。也许你在某些方面的确逊于他人,但是你同样拥有别人所无法企及的专长,有些事情也许只有你能做而别人却做不了!

学会欣赏自己的不完美,并将它转化成动力。

中国古代哲学家杨子曾对他的学生们说:有一次,我去宋国,途中住进一家旅店里,发现人们对一位丑陋的姑娘十分敬重,而对一位漂亮的姑娘却十分轻视。你们知道这是为什么吗?学生们听了之后说什么的都有。杨子告诉他们,经过打听才知道,那位丑陋的姑娘认为自己相貌差而努力干活且品格高尚,因此得到人们的敬重;那位漂亮的姑娘则认为自己相貌美丽,因而懒惰成性且品行不端,所以受到人们的轻视。

其实,做人的道理也是这样,是否被人尊敬并不在于外貌的俊与丑。美绝不只是表面的,而有着更深层次的内涵。如果表面的美失去了应该具有的内涵,就会为人们所舍弃,那位漂亮姑娘就是最好的例证。勤能补拙,也能补丑,这是那位丑姑娘给我们的启示。

欣赏自己的不完美,因为它是你独一无二的特征。欣赏自己的不完美,因为它使你不至于平庸。不完美使你区别于人,世界也因你的不完美而多了一点色彩。

贫穷只是状态，不应成为心态

生活中，很多人常为了自己的贫穷而自卑，没有漂亮的衣服，没有气派的房子……然而，真正的贫穷并不取决于物质的多寡，而在于心灵，心灵上的贫穷者才是真正的贫穷者。如果你的心灵贫穷，你才真该为自己感到自卑。

"我出生在贫困的家庭里，"美国副总统亨利·威尔逊这样说道，"当我还在牙牙学语时，贫穷就露出了它狰狞的面孔。我深深体会到，当我向母亲要一片面包而她手中什么也没有时是什么滋味。我承认我家确实穷，但我不甘心。我一定要改变这种情况，我不会像父母那样生活，这个念头无时无刻不缠绕在我心头。可以说，我一生所有的成就都要归结于我这颗不甘贫穷的心。我要到外面的世界去。在十岁那年我离开了家，当了11年的学徒工，每年可以接受一个月的学校教育。最后，在11年的艰辛工作之后，我得到了一头牛和六只绵羊作为报酬。我把它们换成了美元。从出生到21岁那年为止，我从来没有在娱乐上花过一美元，每个美分的花销都是经过精打细算的。我完全知道拖着疲惫的脚步在漫无尽头的盘山路上行走是什么样的痛苦感觉，我不得不请求我的同伴们丢下我先走……在我21岁生日之后的第一个月，我带着一队人马进入了人迹罕至的大森林，去采伐那里的大圆木。每天，我都是在天际的第一抹曙光出现之前起床，然后一直辛勤地工作到天黑后星星探出头来为止。在一个月夜以继日的辛劳努力之后，我获得了六美元作为报酬，当时在我看来这可真是一个大数目啊！每个美元在我眼里都跟今天晚上那又大又圆、银光四溢的月亮一样。"

在这样的困境中，威尔逊先生下定决心，一定要改变境况，绝不接受贫穷。一切都在变，只有他那颗渴望改变贫穷的心没变。他不让任何一个发展自我、提升自我的机会溜走。很少有人能像他一样理解闲暇时光的价值。他像对待黄金一样紧紧地抓住零星的时间，不让一分一秒从指缝间溜走。

在他21岁之前，他已经设法读了1000本好书，这对一个农场里的孩子来说是多么艰巨的任务啊！在离开农场之后，他徒步到100里之外的马萨诸塞州的内笛克去学习皮匠手艺。他风尘仆仆地经过了波士顿，在那里可以看见邦克、希尔纪念碑和其他历史名胜。整个旅行只花了他一美元六美分。一年之后，他已经在内笛克的一个辩论俱乐部卓有名声了。后来，他在马萨诸塞州的议会上发表了著名的反奴隶制度演说，此时距他到这里还不足八年。12年之后，他与著名的社会活动家查尔斯·萨姆纳平起平坐，并进入了国会。后来，威尔逊又竞选副总统，终于如愿以偿。

威尔逊生于贫困，然而他又是富有的。他唯一的、最大的财富就是他那颗不甘贫穷的心，是这颗心把他推上了议员和副总统的显赫位置。在这颗不竭心灵的照耀下，他一步步地登上了成功之巅。

对于整个人类来说，贫穷只是一种状态，它永远不可能成为一种结果。因为人类绝不会永远安守贫穷，而总是同它做不屈不挠的斗争，

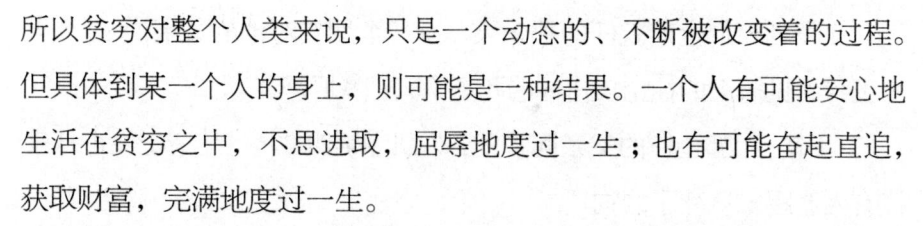

所以贫穷对整个人类来说，只是一个动态的、不断被改变着的过程。但具体到某一个人的身上，则可能是一种结果。一个人有可能安心地生活在贫穷之中，不思进取，屈辱地度过一生；也有可能奋起直追，获取财富，完满地度过一生。

无论你面对的是什么样的事实，心灵的贫穷都极其可怕，因为只有心灵的贫穷才是真正的贫穷。

你无须为他人的评论而自卑

一个人在一生中总会遭到这样或那样的批评，越是做大事遭到的批评就会越多。但你绝不能因为别人的批评就怀疑自己，只要你确信自己是对的，就该坚定地一直走下去。

1929年，美国芝加哥发生了一件震动全国教育界的大事，美国各地的学者都赶到那儿去看热闹。在几年之前，有个名叫罗勃·郝金斯的年轻人，半工半读地从耶鲁大学毕业，当过作家、伐木工人、家庭教师和售货员。现在，只经过了八年，他就被任命为美国第四有钱的大学——芝加哥大学的校长。他有多大？30岁！真叫人难以相信。老一辈的教育人士都摇着头，人们的批评就像落石一样一齐落在这位"神童"的头上，说他太年轻了，经验不够；说他的教育观念很不成熟……各大报纸也参与了攻击。

在罗勃·郝金斯就任的那一天，有一个朋友对他的父亲说："今天早上我看见报上的社论攻击你的儿子，真把我吓坏了。"

"不错，"郝金斯的父亲回答说，"话说得很凶。可是请记住，从来没有人会踢一只死了的狗。"

是的，没有人会去踢一只死狗。别人对你的批评往往从反面证明了你的重要，你的成就引起了别人的关注。所以，在你被别人批评、无端诽谤时，你无须自卑，走好自己的路，让他们说去吧。

马修·布拉许当年还在华尔街40号美国国际公司任总裁的时候，承认他对别人的批评很敏感。他说："我当时急于要使公司里的每一个人都认为我非常完美。要是他们不这样想的话，我就会自卑。只要哪一个人对我有一些怨言，我就会想法子去取悦他。可是我所做的讨好他的事情，总会使另外一个人生气。然后等我想要取悦这个人的时候，又会惹恼了其他的人。最后我发现，我越想去讨好别人，以避免别人对我的批评，就越会使我的敌人增加，所以最后我对自己说：'只要你能力超群，你就一定会受到批评，所以还是趁早习惯的好。'这一点对我大有帮助。从那以后，我就决定只尽我最大的能力去做，而把我那把破伞收起来。让批评我的雨水从我身上流下去，而不是滴在我的脖子里。"

狄姆士·泰勒更进一步。他让批评的雨水流进了他的脖子，而为这件事情大笑一番——而且当众。有一段时间，他在每个礼拜天下午纽约爱尔交响乐团举行的空中音乐会休息时间，发表音乐方面的评论。有一个女人写信给他，说他是"骗子、叛徒、毒蛇和白痴"。泰勒先生在他那本叫作《人与音乐》的书里说："我猜她只喜欢听音乐，不喜欢听讲话。"在第二个礼拜的广播节目里，泰勒先生把这封信宣读给好几

CHAPTER 06　卑·情绪
别人看你挺好，你却总是看低自己

百万的听众听——几天后，他又接到这位太太写来的另外一封信，"表达她丝毫没有改变她的看法。"泰勒先生说，"她仍然认为，我是一个骗子、叛徒、毒蛇和白痴。"

面对他人的批评，谁都不可能没有压力，关键是看你如何对待。如果你在心里接受了别人的批评，并暗示自己在别人眼里是多么的不完美，被人鄙视，自卑就会像一个影子一样随时跟着你，影响你。如果你能将别人不公正的批评置之脑后，继续走自己的路，那么所有的言论都会不攻自破。如果你能对它们笑一笑，受害的人就不会是你。

查尔斯·舒伟伯在对普林斯顿大学学生发表演讲的时候表示，他所学到的最重要的一课，是一个在钢铁厂里做事的老德国人教给他的。"那个老德国人进我的办公室时，"舒伟伯先生说，"满身都是泥和水。我问他对那些把他丢进河里的人怎么说，他回答说：'我只是笑了一笑。'"

舒伟伯先生说，后来他就把这个老德国人的话当作他的座右铭："只笑一笑。"

当你成为不公正批评的受害者时，这个座右铭尤其管用。别人骂你的时候，你"只笑一笑"，骂人的人还能怎么样呢？

林肯要不是学会了对那些骂他的话置之不理，恐怕他早就受不住压力而崩溃了。他写下的如何处理对他的批评的方法，已经成为一篇文学上的经典之作。在第二次世界大战期间，麦克阿瑟将军曾经把这个抄下来，挂在他总部的写字台后面的墙上。而丘吉尔也把这段话镶了框子，挂在他书房的墙上。这段话是这样的："如果我只是试着要去读——更不用说去回答所有对我的攻击，这个店不如关了门，去做别

· 125 ·

的生意。我尽我所知的最好办法去做——也尽我所能去做,而我打算一直这样把事情做完。如果结果证明我是对的,那么即使花十倍的力来说我是错的,也没有什么用。"

别人的批评无论对错,你都无法制止。笑一笑,你无须关注太多,更无须为他人的评论自卑。

所有人都质疑你,你也要信自己

李白在屡受挫折后,发出这样一声长啸:"天生我材必有用,千金散尽还复来!"很多人朗读此句时,都能感受到诗人那无尽的豪迈与自信,同时也会带着些许的自我安慰。其实正如李白所言,每个人来到世界上,都会有其独特的价值。由此可以说,每个人在世界上都是独一无二的,每个人都有其"必有用"之才。只是,也许有时才能藏匿得很深,需要我们全力去挖掘;有时我们的才能又得不到别人的认可……但我们绝不能因此否认自己,更不能因为生活中的挫折、失败而怀疑自己,就此失去信心,一蹶不振。

纵览古今中外,你会发现,很多知名人士都曾有过与你一样的痛苦经历——他们亦曾被老师、同事甚至是家人所阻挠,众人否定他们,断言他们绝不可能做成自己想做的事。但是他们对自己的才能从未有过一丝怀疑,他们矢志不渝地坚持着,最终将自己的才能发挥得淋漓尽致。

　　达尔文的父母希望他成为神父，可达尔文热衷于生物，这很令父母失望，但他始终坚持自己在生物方面的过人才能。他找到了自己正确的位置，终于写下了不朽的名著《进化论》，因而流芳百世。试想，倘若他唯父母之命是从又会怎样？

　　当艾利斯·赫利还是一个不出名的文学青年时，四年内平均每周他都会收到一封退稿信。后来，艾利斯几欲停止《根》这部著作的撰写，自暴自弃。他感到自己壮志难酬，于是准备跳海轻生。当他站在船尾、面对滚滚浪涛时，突然听到已故亲人的呼唤："你要做自己该做的，因为我们都在天国凝视着你，不要放弃！你行的，我们支持你！"几周以后，《根》这部著作终于完成了。

　　1905年，艾尔伯特·爱因斯坦的博士论文被波恩大学"打了个大大的叉"。原因是——论文离题且通篇奇思怪想。爱因斯坦为此感到沮丧，但并没有丢掉信心。

　　伍迪·艾伦——奥斯卡最佳编剧、最佳制片人、最佳导演、最佳男演员、金像奖获得者，他在大学时英语竟然不及格。

　　利昂·尤利斯，作家、学者、哲学家，却曾三次没有通过中学的英文考试。

　　美国著名画家詹姆斯·惠斯勒曾因化学不及格而被西点军校开除。

　　"篮球之神"迈克尔·乔丹曾被所在的中学篮球队除名。

　　温斯顿·丘吉尔被牛津大学和剑桥大学以其文科太差而拒之门外。

　　……

　　事实证明，即使是如今已被公认的天才，曾几何时也曾遭到过众人的质疑，也曾受到过各种打击。值得庆幸的是，他们没有被打击、被挫折、被失败所折服，他们始终相信自己的能力。也正因为如此，他们才取得了令人钦羡的成就，才将自己的名字深深刻在了历史的丰碑之上！

然而，我们之中的一些人却常常在遭遇失败以后自我贬低、自甘堕落，逢人便说自己很无用。这真的很不应该。要知道，没有人是废物，废物是放错了位置的资源，将废物合理利用，同样可以变废为宝。记住李白的那句诗："天生我材必有用！"这绝不是失望后的自我慰藉，这其中饱含着对自我、对个人价值的绝对肯定，这是何等的自信！

所以，无论你从事哪一行业，送水的或是卖茶的，都不要轻贱自己。你要记住，除了心的贵贱以外，身份是没有贵贱之分的，每个人虽从事着不同的工作，但都是在为这世界做贡献，只是各人分工有所不同而已。

毫无疑问，这世界上的每一个人，乃至一草一木都有着自己的价值，即使是一片落叶，也承担着"化作春泥更护花"的责任；就算是一只无脚鸟，也在履行着飞翔的义务；哪怕是一个漂泊在外的游子，也是在为自己的前途、自己的亲人奔波。事实上，根本没有人是多余的，也没有人是废物，只是能力不同，所以责任不同而已。

从现在开始，真心喜欢你自己

假如说把世界上的芸芸众生硬分成两种人，你会怎样给他们分类呢？

其实，不论你用什么方法分类，世界上都不止两种人。不过，假如硬要分成两种人，那世界上真的就只有两种人了，那就是喜欢自己的人和不喜欢自己的人。

根据这个标准分类，恐怕有一大堆人要挤在不喜欢自己的那一边，只有很少数的人能够开心地举手说："我喜欢自己。"

不喜欢自己的人，总有一大堆的理由：我太矮、我有青春痘、我不擅长交际、我的学问不好、我家境贫寒……

而喜欢自己的人，却不一定说得出多么冠冕堂皇的理由。他们喜欢自己，并不盲目，他们不相信自己十全十美，反而清楚地认识到自己和其他人一样，具有很多缺点。只不过，他们愿意接受自己的一切，不管优点还是缺点，不企图掩饰，不刻意改变；当然，更不会痴妄地羡慕他人。

喜欢自己，是快乐的起点。

人，天生不平等，有美丑胖瘦、高矮贫富，但是也有公平的一面，所有的好条件与所有的坏条件，都不会同时集中在一个人的身上。仔细思索，美丽的人或许太懒惰，以致一事无成；而能干的人可能过于操劳，损害了身体；富有的人纵情声色，未必能保有美满的家庭；有学问的人自律严谨，说不定也会失去发财的机会。这样想来，人人都有所得，却也有所失。

最快乐的人，是了然于人生的不完美，却又能在这不完美中珍惜自己所拥有的一切。

人生也难求绝对的圆满，际遇有时顺有时逆，财富来时有如巨浪涌到，去时又如退潮的海滩，爱情、婚姻、事业既难样样美好，更难时时顺心。

生活在这样坎坷的命运里，难怪有很多人要抱怨，落入愤懑的行列中，对自己所拥有的一切百般挑剔，整天笼罩在不快乐的阴影之下。

只有喜欢自己的人才知道，快乐的秘密不在于获得更多，而在于珍惜既有。能深刻检点自己所拥有的幸福，就会明白，其实人人都蒙受恩宠，享有莫大的福气。

没有人能确切明白自己是不是真的受人欢迎，可是每一个人都可以扪心自问：我是不是喜欢我自己？

心理学家凯特发现，要让他人喜欢真正的你，就应该培养喜欢自己的特质。或许你会感到十分惊讶，因为一般人认为可以吸引人的美貌、魅力、人际关系等，并不是你需要具备的特质。

这个世界上有很多人生来既不美丽，又不富有，可是却能受到朋友的喜爱，最重要的在于：他们真心喜欢自己。

喜欢自己，其实很简单。你无须换上漂亮的衣服，变副讨人喜欢的面孔，说些迎合他人的言语，只要你静下心来，学习看重他人，看重自己，培养成熟独立的个性，你就向"喜欢自己"这个目标迈近了一大步。

你在忙着想赢得整个世界的肯定之前，别忘记先讨好最重要的一个人——你自己。

让心完美，你就是最美的

也许你不够漂亮，也许你不够潇洒，那你也大可不必为此自卑，只要你拥有一颗美好的心灵，你就拥有了吸引人的魅力。

丑女东施效仿西施"捧心而颦"，但人们都只说西施漂亮，见了东施却远远地避开。这是为什么呢？为什么西施颦很美，东施颦却不美呢？两个人的动作完全相同，但效果却大相径庭，单单是因为西施本来就比东施漂亮吗？这只不过是原因之一，还有一个更重要的原因：西施的动作是真实的，她因心病而颦，自然之中流露出美；东施捧心而颦，只是一味地模仿，给人的感觉不是美，而是做作。所以，人们对待她们的态度也就截然不同。

"爱美之心，人皆有之"，扮美无可厚非。但外表的美是一种"浮华",内在的美才是"沉香"。德国著名文学家歌德说：外貌美只能取悦一时,内在美才能够经久不衰。外表的欠缺不能代表什么,再美的容颜也会有老去的一天。蕴藏于内心深处的美德,却可历久弥馨。正所谓"腹有诗书气自华",你不必因你表面的不足计较什么,真正的美在你心里。

只要你相信自己是最美的,你就是最美的,因为自信能带给你红润的脸色、明亮的眼神、洒脱的举止、优雅的风度……只有走出不停掩饰的心理误区后,你才能让你的美丽不打折扣地显示出来,使人为之心动。

面对人世的许多事你无力回天,许多缺失你无法挽回,自卑、自怜无济于事。但你可以选择爱你的"心",让你的心完美。也许你没有财富,也许你没有幸福的家庭,也许你没有美丽的容颜,但你一样可以让自己发光。

当美国的黄热病疯狂蔓延时,玛格丽特活了下来,但成了一个孤儿。她在年纪不大时就嫁了人,但不久她的丈夫死去了,她唯一的孩子也死去了。她非常贫穷,没有文化,除了自己的名字以外几乎什么都不会写。于是她就到女子孤儿收容所去谋生。她从早到晚地忙个不停,将整个生命都投入到了照顾这些孤儿的工作中去。当一家新的漂亮的收容所建造起来以后,玛格丽特和这些修女从原先艰苦的条件下摆脱了出来。后来,玛格丽特还在这个城市开了一家属于自己的乳品面包店。这个城市中的每个人都认识她,他们还资助她去购买运奶的小车和烤面包炉。玛格丽特非常努力地工作,将节省下来的每一分钱都用来帮助那些孤儿,因为她已经把这些孤儿当成了自己的亲生孩子。

而她自己从来就没有买过一件丝绸衣服，也没有戴过一双羊皮手套。但她的努力最终也得到了回报。她离开人世后，这座城市就为这些孤儿的朋友和保护者建造了一座美丽的纪念雕像，以表达对这个美丽的、无私的人的感激之情。

玛格丽特不曾拥有世人眼中的一切美好，但她却是最美的。因为她不曾因外在的一切而自卑、惰怠，她爱自己的"心"。这颗心让她在困苦的环境里给予别人帮助、珍爱别人，因而她是伟大的。别人也许拥有了她没有的，而她却拥有别人所没有的。

生命的价值也许并不仅仅体现为强大的财力、美丽的姿容、健康的体魄……更本质的是，生命是否可以超越平凡，升入到更高的境地。在更高的天空，彩虹的美是有目共睹的。因为，只有经历过风雨的洗礼，生命才更美丽，才更能显示出它宝贵而华美的价值，才更能空显出美的含义。

涛双腿残疾，但他的心情似乎从未因此而沉闷、忧郁，他在每天的黄昏都会吹起他心爱的笛子。

乐声像清晨的光芒，从他修长的手指间倾泻而出。那些欢快的、像露珠般纯洁、像水晶般剔透的音乐感染着附近的居民，给他们单调的生活增添了一些鲜活的色彩。因为涛的笛声，人们发现天空是那么明丽，生活是那么轻松惬意。

那个时候，在炎热的夏夜，涛的笛声四处回旋，让人们忘却了白天工作的紧张、劳累和压抑。在灰色又琐碎的生活背后，普通人因涛的笛声而感到安详、快乐，而涛对每一天充满期待，对每一个邻居充满笑意和感谢。

涛只活到 30 岁，但他的生命到今天都没有消失。在那条街，只要有音乐，有夏夜的星空，就有涛临窗而坐的身影，有他蓬勃的生命力。

他常说一句话："我的脚不能走路了，但我的音乐可以和人们一道走得更远。"

涛的生命是短暂的，并且在这短暂的生命里失去了走路的权利。但人们永远记得他的笛声，记得他带给别人的安详和快乐。

今生今世，不论你能走多远，不论你能得到多少生命的馈赠，爱你的"心灵"吧，别让它沾染人世的黑暗，别让它因为受苦而不再充满活力。

别用挑剔的目光审查这个世界

一帆风顺的人生不会存在，坎坷一生的生活也不是最悲惨的，痛苦和快乐都取决于心。你要做的就是接受这一切，开朗的接受，大度的包容，博爱这些哪怕是最痛苦的事情。

雅文拥有一切。她有一个完美的家庭，住海景洋房，从来不用为钱发愁。而且，她年轻、漂亮、聪慧。

和她一起外出是一件乐事。在餐厅里，你会看到邻桌的男士频频

CHAPTER 06 卑·情绪
别人看你挺好，你却总是看低自己

向她注目，邻桌的女士为她而相互窃窃私语……有她的陪伴，你感觉很棒。她让你由衷的认为做男人真好。

不过，当所有闲聊终止的时候，这样一刻出现了：雅文开始向你讲述她悲惨的生活——她为减肥而跳的林波舞，她为保持体形而做的努力，她的厌食症。

你简直不敢相信自己的耳朵！这位美丽的女士真实地、深切地认为自己胖而且丑，不值得任何人去爱。当然，你会对她说，她也许弄错了。事实上，这世界上的一半人为了能拥有她那样的容貌，她那样的好运气和生活，宁愿付出任何代价。不，不，她悲哀地挥着手说，她以前也听过类似的话。她知道这话只是出于礼貌，只是一种于事无补的慰藉。你越是试图证实她是一位幸运的女孩，她越是表示反对。

或许是生活真的给了她太多，令她反而觉得一切都是那么理所当然，于是对生活的期望也越来越高，乃至于一点微小的缺憾都不能容忍。现在的她需要明白：生活并不完美，生活从来也不必完美。生活能否美如画，取决于你的活法。

许多人都听过"超人"克里斯托夫·瑞维斯的故事。他曾经又高又帅、又健壮、又知名、又富有。可是，一次，他不慎从马上跌落下来，使他摔断了脖子。从此，他不能再自由地走动了。现在，他坐在轮椅里……

不过，瑞维斯和雅文有所不同：他感谢上帝让他保留了一条生命，使他可以去做一些真正有意义的事——为残疾人事业而努力。而雅文则是为她腹部增加或减少了几毫米厚的脂肪或喜或悲着。

生活并不完美，但是也并不悲惨。人来到这个世界上，不是为了享受生活或体验悲惨的。

不能因为有人说我们活着就是为了享受的，所以遇到悲惨就不想活了；因为有人说人活着就是为了体验苦，经历磨难的，所以好日子就被鄙视了。

其实，不都是生活？都是生命？

如果人生的意义、目的，可以说清道明，那世界上的人不都一样了？都做一样的事，都过一样的生活，这一般不太可能。

悲不悲惨，快不快乐是一种感觉，每个人在心里怎样告诉自己，就会拥有怎样的生活，或悲，或喜。

学会接受，更要学会适应

人生旅途，不断延深的生命之路，不断变换的人生风景，交织着不复重来的人生轨迹，交错着零乱复杂的万缕思绪。这一场旅途，以何种姿势行走，何种心态去诠释，终究改变不了不可改变的人生常态，比如亲情，纵是越来越难舍，生死终会拉开彼此的距离。比如爱情，今日誓言犹在，明日转身就是天涯陌路。纵是有心长久时，敌不过瞬间的改变。

CHAPTER 06 卑·情绪
别人看你挺好，你却总是看低自己

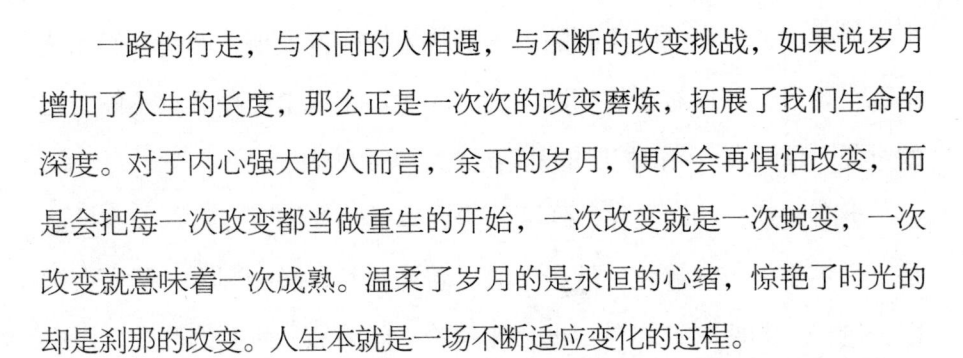

一路的行走，与不同的人相遇，与不断的改变挑战，如果说岁月增加了人生的长度，那么正是一次次的改变磨炼，拓展了我们生命的深度。对于内心强大的人而言，余下的岁月，便不会再惧怕改变，而是会把每一次改变都当做重生的开始，一次改变就是一次蜕变，一次改变就意味着一次成熟。温柔了岁月的是永恒的心绪，惊艳了时光的却是刹那的改变。人生本就是一场不断适应变化的过程。

法伊娅17岁从伊朗以留学生身份来到加拿大，当时一句英文都不会讲。在入境时，海关人员问她的行李包里有什么东西，她听不懂，也说不清楚，对方大为紧张，出动许多先进仪器把她的行李探测了个仔细，才敢打开检查。就这样，她只身踏上加拿大的土地，一边学英语，一边在多伦多大学修读电脑课程。毕业后她跟随丈夫移居卡尔加利。

20世纪80年代初的卡尔加利还是一个小城市，当时经济也不太好，法伊娅遍寻工作无果，就开始为一个私人雇主编写程序。但6个月后她前往雇主家中查询，发现该地址已人去楼空，过去几个月的工作完全白费，工资报酬自然也是没有拿到。

没有报酬的第一份工作成为了敲门砖。法伊娅此后找到一个公司电脑部门的编程工作，后来也换过几家公司，经过多年的努力和经验积累，她做到了贝尔加拿大地区的副总裁。然而在为贝尔公司工作了十多年后，她在机构重整中和其他20多位副总裁一同被请出大门。她坦然相告，这是她职业生涯中的一次巨变。但她笑着说："终于可以休一个长假了，好好调整身心。"说到今后的打算，她把这次变更看作是新的机遇和挑战，因为可以去做一些自己真正喜欢的事情了。

人生中，很多难以控制的因素影响着我们的发展，无论我们到达了哪个阶段，都还有新的问题出现。人生本来就是一种适应不停变化的过程，我们唯一可以控制的是自己的心态和方向。

世事变迁，物转星移，阡陌红尘，本就是充满了变数。没有什么是一程不变，若水静止，就会干涸，若是生长，必会凋零。阳光会被白云遮挡，即使有着阴霾，也会伴随着一丝清凉。所有的改变，没有绝对的对与错，是与非，却必须有着绝对的接受与承受。接受不可改变的改变，承受已经改变的改变，在改变中学会爱，爱自己，爱别人，爱世上的每一处给你改变机会的境缘。

去努力争取，而不是抱怨不公

有些人，嫉恨别人的所获，就刻意忽略别人的付出，把别人的成功归因于世界的不公，给自己的不努力找理由。与此同时，将自己拉入自我欺骗的臆想当中，觉得整个世界都欠自己的，心中悲愤无比。

其实，这个世界不欠任何人的，它给了你存活的空间，这就是最大的恩赐，而你最终活成什么样，那是你自己的事情。如果你不够努力，就不要抱怨别人比你得到的多，没有人抢走你任何东西，你的所获，一定程度上与你的付出成正比，而不是别人的错。

那天，约克和汤姆结对旅游。约克带了3块饼，汤姆带了5块饼。有一个路人路过，路人饿了。约克和汤姆邀请他一起吃饭。约克、汤姆和路人将8块饼全部吃完。吃完饭后，路人感谢他们的午餐，给了他们8个金币。约克和汤姆为这8个金币的分配展开了争执。汤姆说："我带了5块饼，理应我得5个金币，你得3个金币。"约克不同意："既然我们在一起吃这8块饼，理应平分这8个金币。"约克坚持认为每人各4块金币。

为此，约克找到公正的夏普里。夏普里说："孩子，汤姆给你3个金币，因为你们是朋友，你应该接受它；如果你要公正的话，那么我告诉你，公正的分法是，你应当得到1个金币，而你的朋友汤姆应当得到7个金币。"约克不理解。

夏普里说："是这样的，孩子。你们3人吃了8块饼，你吃了其中的1/3，即8/3块，路人吃了你带的饼中的3-8/3=1/3；汤姆也吃了8/3，路人吃了他带的饼中的5-8/3=7/3。这样，路人所吃的8/3块饼中，有你的1/3，汤姆的7/3。路人所吃的饼中，属于汤姆的是属于你的的7倍。因此，对于这8个金币，公平的分法是：你得1个金币，汤姆得7个金币。你看有没有道理？"

所得与自己的贡献相等，这就是夏普里值的意思。

你愿意付出，才可能有收获，这就是世界的法则。

当然，不努力也可以，不努力也是人生的权利，除了父母师长，没有人会一直督促你努力。做个平庸之辈也是自己的选择。但不要自己不努力，偏偏又愤世嫉俗，觉得别人的成就都是投机取巧得来的，就你一个人无辜遭受命运的作弄。觉得别人都不该享受他们的生活，都应该接受你的正义审判。

事实上，你只看到煤老板一掷千金，却没有看到他们为完成一个挖煤的系统工程，必须要上得讲堂下得井矿；你只看到了别人的小蛮腰，却没看到她们挥汗如雨在健身房；你只看到别人出入高档场所，却没看到人家平日里的辛苦奔忙。

世界真不欠你的，也不欠任何人的。每个人都有权利享受自己通过努力创造的幸福，世上没那么多内定的成功，你没能出人头地，要怪你还不够努力。如果你能全力以赴地去做事，没有人会否定你的优秀。

CHAPTER 07

|执·情绪|
执念可以成全你，也能轻松毁掉你

　　人不可执念太深，执着太过，就是偏执。然而天不会尽遂人愿，许多事情并不会朝着你所期待的样子发展，当你为了满足自己的想法而一味追求的时候，最后受伤害的人往往就是你自己。所以，这时候，你要记得，做人不可太执着。

偏执容易把人生打成死结

看过电视剧《渴望》的人们可能还对其中王亚茹这一角色记忆犹新。剧中的她几乎是观众一致公认的"最没人情味"的人，这个人自负清高、傲慢不逊、冷漠无情、孤僻多疑、不苟言笑、不善交际、生性忌妒。她与慧芳、小芳、月娟、刘大妈等人势如水火；对自己的父母及弟弟也常常冷面寒霜；对待恋人罗冈更是到了不近情理的地步；就连唯一与她走得近一些的老同学田莉，也因为受不了她那古怪的脾气而几次不想再去管她。她说话做事全凭个人意愿，我行我素、随心所欲，根本不考虑旁人的感受，这几乎让她成了"全民公敌"。王亚茹的行为模式从情绪理论方面来说，就是偏执型人格，亦称偏执症。

偏执型人格又叫妄想型人格，是指以极其顽固的固执己见为典型特征的一类病态人格。这种人格的人：

自负清高，自我评价过高，常常固执己见，独断专行，因此免不了和别人经常发生矛盾、争辩，但他们从不肯承认自己的错误，在事实面前仍强词夺理或推诿责任；

往往喜欢忌妒，喜欢从鸡蛋里挑骨头，不大愿意认可别人的成绩；

听不得不同意见，不理解别人的良苦用心，随心所欲、我行我素，独断专行、妄自尊大，不懂得尊重别人；

不能正确、客观地分析形势，有问题易从个人感情出发，主观片面性大；

总是将周围环境中与己无关的现象或事件联想到自己身上，甚至还将报刊、广播、电视中的内容与自己对号入座。尽管这种多疑与客观事实不符，与生活实际严重脱离，但即使他人反复解释，也无法改变他们的想法。

持这种人格的人在家不能与家人和睦相处，在外不能与朋友、同事融洽相处，严重者，甚至还会对被怀疑对象产生强烈的冲动及过激的攻击行为，比如众所周知的马加爵就是典型的人格障碍，他总是偏执于身边的人看不起他，甚至把任何事情都与之联系到一起，最终酿成了悲剧。

可见，持有偏执型人格的人，如果不能及时、主动地矫正自己的性格缺陷和心理障碍，则会因环境变化、人际关系紧张、工作生活不顺心，以及激烈的精神刺激等因素，而诱发精神疾病，对家人和社会造成损害。而这样的事例并不鲜见。

然而，很多时候，人们容易将"偏执"误解为固执，其实二者是有很大区别的。"固执"是个性，就是说一个人如果做出了决定，不撞南墙是不回头的，还可以理解；偏执则是心理障碍，就是说即使撞上了南墙，还会拿头继续去撞，在别人看来是不可理喻的。适当的固执，为人平添一份可爱的"原则美"；而偏执往往容易把人生打成死结，伤害自己，也伤害他人。多数比较固执的人，虽然难以改变其性格，但仍然可以沟通和讲道理。而一旦达到偏执的地步，就很难沟通了，因为偏执的人往往会把别人的沟通视为一种攻击，非常容易认为别人对他有敌意。其实，这是因为偏执的人往往对别人敌意很重。

不过，偏执型人格的人智力良好，有的人还能获得杰出的成就。其实不少艺术家、哲学家和自然科学家、政治家也是偏执型人格的。所以，持有这种人格症状的人也不要太过惶恐，要勇于承认自己的人格缺陷，正视它，如果控制、调节好，非但不会对自己及别人造成伤害，或许还能做出不错的成就。

错的还坚持，就叫固执

很多时候我们都要做出艰难的抉择，这并不是问题，因为在一次又一次的抉择中，我们的人生观、价值观才日趋成熟起来。问题是：到底怎样选择才是对的？怎样选才是错的？哪些东西我们应该放弃，而哪些东西我们又该坚持呢？

说说坚持这个问题吧。首先要肯定的是，坚持这种精神是没错的。"只要功夫深，铁杵磨成针"，讲的就是这个道理。但不要忽略这样一个前提，要想"磨成针"，你必须是合适的材料——铁杵或是其他金属材质。如果是一根木棍，到最后磨成的就只能是棒球棒、擀面杖一类的物品。所以在坚持的时候，我们应该好好审视一下自己，问自己一句："我到底是不是这块料？"如果不是，就不要坚持把自己"磨成针"，做一个结实的"棒球棒"才更能体现你的价值。

歌德在自己二十多岁的时候，一直梦想着自己能够成为一名像

CHAPTER 07 执·情绪
执念可以成全你，也能轻松毁掉你

达·芬奇那样杰出的画家。为了能够实现这个梦想，歌德曾经一度沉溺于色彩的世界中难以自拔。他为了提高自己的画画水平，付出了艰辛的努力，可是到头来仍收效甚微。

一个偶然的机会，歌德到意大利去游玩。当看到那些大师的杰出作品之后，他才如梦方醒：以自己在绘画上的才情，即使是花费自己这一生，也是很难在画界有所建树的。

从这以后，歌德就毅然决定放弃绘画，主攻文学，最后歌德取得了成功。

在成功之后，当歌德回顾自己的成长经历时，总是不忘记告诫那些头脑发热的年轻人，千万不要盲目地相信兴趣，一心跟着感觉走。歌德后来感慨地说道："要真正地发现自己并不容易，我几乎花了半生的光阴。"总有一些事情是自己能够做而且也能做出一些成绩的，可是相对而言，还有一些事情是你永远都不可能做成的，了解这一点，对我们的成功是至关重要的。

如果放错了地方，宝物也会变成废物；如果地方对了，木头也有不可替代的价值。假若你所做的事符合自己的目标，并且符合自己的性格，能够发挥自己的优势，那么，困难对你而言就只是浮云，把自己的梦想坚持下去，你会得到自己想要的。如果说这个目标本身是错的，你却仍要奋力向前，而且意志坚定、态度坚决，那么，由此导致的负面后果，恐怕比没有目标更为可怕。

适当放弃，是量力而行的睿智

或许很多抉择会令我们痛苦万分，然而这也是由不得人的，背负太多则必然要失去更多。蓦然回首我们会发现，其实无奈和痛苦、失败和无助，大多来自于过分的执着。及时地选择放下，反而有可能会得到意外的收获。

印尼大海啸时，发生了这样一个故事：

一位年轻妈妈，独自带着七岁的长子和三岁的幼子在海滩上玩耍。

突然之间，地动山摇、天崩地裂，由于地壳运动引发的大海啸，在毫无征兆的情况下，将母子三人卷入海浪之中。

妈妈紧紧拉住两个孩子的手，心中万分焦急。

"怎么办？若不放手，三个人将无一生还！"情况紧急，已不容多想，年轻妈妈痛苦地闭上了眼睛……

这位妈妈最终含泪放弃了七岁的长子。

然而，奇迹发生了！在别人的帮助下，她的长子竟然也逃过了这场灾难，一家人终于又幸福地生活在了一起。

有所选择的放弃，是一种量力而行的睿智，是一种顾全大局的体现。在人生这部长篇巨制中，我们是自己唯一的导演，唯有懂得如何去选择，如何去剪辑，它才能够完美谢幕。

CHAPTER 07 执·情绪

执念可以成全你，也能轻松毁掉你

在生活强迫我们必须付出惨痛的代价以前，主动放弃局部利益而保全整体利益是最明智的选择。智者曰："两弊相衡取其轻，两利相权取其重。"趋利避害，这也正是放弃的实质。

2003年4月26日，27岁的李斯金一个人来到犹他州蓝约翰峡谷登山。蓝约翰峡谷位于犹他州东南部，人迹罕至，风景绝美。李斯金在攀过一道三英尺宽的狭缝时，一块巨大的石头挡住了去路。李斯金试图将这块巨石推开，巨石摇晃了一下，猛地向下一滑，将李斯金的右手和前臂压在了旁边的石壁上。

忍着钻心的剧痛，李斯金使劲用左手推巨石，希望能将手臂抽出来，然而石头仿佛生了根一般纹丝不动。在做了无数次努力之后，精疲力竭的李斯金终于明白，单凭自己一人之力绝不可能推动巨石，只能保存精力等待救援。

然而，在接下来的几天里，别说是人，就连鸟也没飞过一只，他就这样吊在悬崖上。没有食物，李斯金每天只能喝水。当壶中的最后一滴水也被他喝光时，饥肠辘辘、浑身无力的李斯金终于明白，他所在的地方太过偏僻，即使有人为他的失踪而报警，救援人员也不可能找到这个地方。再等下去只能是死路一条，想活命的话只能靠自己。

李斯金心里清楚，把自己从巨石下解救出来的唯一办法就是断臂。而除了简单的急救包扎，他并不知道如何进行外科自救。于是，他清理了一下手头的工具——一把八厘米长的折叠刀和一个急救包，没有麻醉剂，没有止疼片，没有止血药，超常的疼痛和所冒的风险可想而知，不过李斯金别无选择。由于刀子过钝，在难以形容的疼痛和失血的半昏迷状态下，李斯金先折断了前臂的桡骨，几分钟后又折断了尺骨……整个过程大约持续了一个小时。

由于大量失血，李斯金近乎昏厥，然而他仍坚持着从身旁的急救箱中取出杀菌膏、绷带等物，给自己被切断的右臂做紧急止血处理。李斯金甚至还想把断臂从巨石下取出来。流血止住后，李斯金决定徒步走出峡谷。他被困之处是一个陡峭的岩壁，距峡谷底部有25米的高度，上来容易下去难，尤其是在刚切断一条手臂之后。不过这没有难住他，他用登山锚将一根绳子固定在岩壁上，用左手抓住绳子，顺着岩壁滑了下去。

在下山的路上，李斯金看到了他的山地自行车，但他根本不可能骑着它下山了。在跌跌撞撞走了大约七英里后，两名旅游者发现了血人一般的李斯金，明白发生了什么事后，他们赶紧报警。不久后，一架救援直升机赶到，将李斯金送到了最近的医院。

当直升机到达莫阿布市的艾伦纪念医院时，李斯金居然谢绝别人的帮助，自己走进急救室。这个坚强的人随后被送到圣玛丽医院。

参加救援行动的米奇·维特里驾驶直升机再次飞回蓝约翰峡谷，希望找回李斯金的那半条手臂，也许医生还可以为李斯金重新进行接肢手术。然而，当维特里找到那块石头时，他发现石头实在是太重了，根本无法移动。

事实上，在李斯金失踪四天之后，他所在的登山车公司的老板便向警方报了警，警方的直升机也在附近进行了搜寻，但警方从空中根本不可能发现他被困的地方。他能活下来，完全是因为他强烈的求生欲望。

从生存的勇气到断臂自救的方式，李斯金给我们的启示是多方面的，其中最重要的一点就是在人生紧要处，在决定前途命运的关键时刻，我们不能犹豫不决，不能徘徊，而必须敢于了断，敢于放弃。放弃有时就是一种珍惜，放弃了一棵树木，我们有可能就会得到一片森林。

妥协，是退一步而进两步

很多人将妥协、退让视为懦弱的表现，自认为针锋相对、寸土必争才是"好汉子""真英雄"。很明显，这类人的人生修为尚浅，做人的深度不够。其实很多时候，"退一步"并不意味着放弃努力和宣布失败，一些积极意义的妥协是为了伺机行事，出奇制胜，是退一步而进两步。

我们先来看看下面这两则故事。

故事一：

他是一家化妆品公司的推销员，他的公司几次想与另一家化妆品公司合作，但都未能如愿。经过他的不懈努力，对方终于答应与他的公司合作！不过有一个要求：要在其化妆品广告词中加上该公司的名字。

他的老总不同意，认为这是在花钱替别人做广告，协商陷入僵局，合作公司限他们在两天之内给予答复。

他听到这个消息，直接找到老总，劝老总赶紧答应，否则一定会错失良机。老总不乐意："我坚决不妥协，他们这是以强欺弱。"

他认为把产品和一个著名的品牌捆绑在一起是有利的，经过他的一再努力，老总终于同意了合作条件。事情像他预料的一样，公司的生产蒸蒸日上，销售额直线上升，他也因此被提升为业务总经理。

故事二：

她拥有一家三星级宾馆，经朋友介绍，她认识了一位名气很大的导演，导演准备在她的宾馆开一个新闻发布会。

她爽快地同意了，可在租金上却不能与对方达成协议。她要价四万元，导演只答应出两万元，双方争执不下。朋友劝她："你怎么这么傻，你只看到了两万元，两万元背后可不止这个数，他们都是名人，平时请都请不来。"

她还是不妥协，坚持要四万元，还对朋友说："你看你介绍的人，这么抠门儿。"朋友生气："我没有你这样目光如豆的朋友。"说完，朋友抛开她，自己走了。

她旁边一家四星级宾馆的总经理听到这个消息，及时找到导演，说他愿意把宾馆大厅租给导演，而且要价不超过1.5万元。

于是，导演便租了这家四星级宾馆。开新闻发布会那几天除了许多记者、演员外，还有不少慕名而来的影迷，十几层的大楼无一空闲。而且因为明星的光临，这家四星级宾馆名声大噪。

她看到后，后悔得不得了，但一切都晚了，她只能谴责自己目光短浅。

故事中的两个人谁更聪明，谁才是强者，应该不用再多说了吧。从这两则故事中，我们不难看出一个事实：妥协有时就是通往成功的必要，就是在冷静中窥视时机，然后准确出击；这种妥协应是以退让开始,以胜利告终,表相是以对方利益为重,真相则是为自己的利益开道。

妥协无疑是一种睿智,是我们处世的一项必要手段,它对我们的人生有着微妙的作用,甚至可以改变我们的一生。人生之路曲折艰难,充满坎坷,在人生之路走不通的地方,要知道退让一步、让人先行;在走得过去的地方,也一定要给予人家三分的便利,这样才能逢凶化吉,一帆风顺。

中国有句格言:"忍一时风平浪静,退一步海阔天空。"不少人将它抄下来贴在墙上,奉为处世的座右铭。这句话与当今竞争观念似乎不大合拍,事实上,"争"与"让"并非总是不相容,反倒经常互补。在生意场上也好,在外交场合也好,在个人之间、集团之间,也不是一个劲"争"到底,退让、妥协、牺牲有时也很有必要。而作为个人修养和处世之道,让则不仅是一种美好的德性,也是一种宝贵的智慧。

求全责备的生活不会快乐

没有完美的世界,也没有完美的人生,有时候,目标与现实之间只差一点点而已。如果你抱着自己的完美理想不放手的话,就会招来无穷无尽的烦恼和纠缠;相反,在完美与不完美间寻找一个平衡点,你的生活将会快乐轻松很多。

有些人活着，就是以完美地过完自己的每一天为目标的。当他看到房间里沾上了一些尘土时，会惊呼！赶快进行一次大扫除。当他看到自己的鼻子、嘴巴或是某个部位不如别人时，会大叫：我也要那样的脸！于是不惜高额花费让人拿刀子给自己画个大花脸。当他看到电视里播放的泡着花瓣的浴缸，会马上跑去买一个。他有洁癖，一天洗手若干次。他总是愿意让自己看上去永远一丝不苟，连头发也梳理得整齐些。他总是愿意别人说他："看！人家过得多细致！"他喜欢别人称赞他并且也自诩为："我是个完美主义者。"

事实上，完美主义唯一的好处在于有时你能获得比较好的结果，与此同时，在你努力获得完美时，你可能感到紧张、忙碌、不安，发觉很难放松。你很可能对人对己都吹毛求疵，因而损害了你的人际关系和心理健康，并有可能使你害怕失败所带来的不完美境地而拒绝发起向生活的挑战，最终成为一个生活上的彻底失败者。

作为一名完美主义者，如果你未能达到某一目标就感到自己在那些方面彻底失败了，因而深深地自责和痛苦。无论你做得再多再好也不会令自己满意，而是不断地追求更高的目标。尽管这些在他人看来十分了不起，你也可能会对自己有更苛刻的要求，害怕暴露自己的缺点，只想将自己令人叹为观止的、完美无缺的一面呈献给大众。这种心理一旦控制你久了，便会给你的精神和身体带来严重的影响，那可能是病态的。

有时候人们会被这种在生活中或是工作中吹毛求疵、追求完美的压力所蒙蔽。认为只有做得"更好"些才会使自己更加幸福，其实，大可不必，有时候你的缺陷也是一笔可观的人生财富。

约翰原本是新墨西哥州高原上经营果园的果农，每年他都把成箱

CHAPTER 07 执·情绪
执念可以成全你，也能轻松毁掉你

的苹果以邮递的方式零售给顾客。

一年冬天，新墨西哥州高原下了一场罕见的大冰雹，把一个个原本色彩鲜艳的大苹果砸得疤痕累累，约翰心痛极了。完了，这下全完了！我将失去所有的顾客和收入了！他越想越懊恼，就坐在地上抓起被砸伤的苹果拼命地咬起来。忽然，他的动作停止了，他发觉这苹果比以往的更甜、更脆，汁多、味更美，但外表的确难看。

第二天，他把苹果装好箱，并在每一个箱子里附上一张纸条，上面这样写着："这次奉上的苹果，表皮上虽然有些难看，但请不要介意，那是冰雹造成的伤痕，是真正的高原上种植的证据。在高原，气温往往骤降带来坏天气，但也因此苹果的肉质较平时结实，而且还产生了一种风味独特的果糖。"

在好奇心的驱使下，顾客都迫不及待地拿起苹果，想尝尝味道："嗯，好极了！高原苹果的味道原来是这样的！"顾客们交口称赞。

这批长相丑陋的苹果挽救了几乎赔掉一切的约翰，而且还以它"特殊"的标志性的模样而广开销路，大受顾客好评。约翰也因此大获成功。

其实，生活中尽善尽美的事情真是少得可怜，它们大多有着这样那样的缺陷，让我们感到深深的遗憾。面对缺陷，我们不可一味气馁、气愤，更不要自卑、悲观，将缺陷与它本身的优势或独特之处联系起来，事情就不会如你所想的那么不尽如人意了，甚至它还会成为你走向成功的重要力量。

在我们的成长过程中，我们逐渐养成了这样的信念：我们应该自始至终努力让生活变得尽善尽美。不幸的是，你的期望越高，失望往往也越大。由于对自己的要求过高，给自己施加了过多的压力，就会束缚住自己的手脚，迫使你最终放弃努力，以致一事无成。或者最终崩溃掉。相反，如果你降低对自己的要求，不再对自己提出过高的期望，你的心情反而会因为解脱而舒畅起来，会觉得自己更有创造力，更可以轻松上阵了。正如莎士比亚说过的那样，最理想的境地总是不可到达的，但是人们往往不知道应该退而求其次。结果，你只能碰得头破血流。因此，完美主义不是一种你应给予强化的心态，而是一种你应给予弱化的心态。

　　在生活中，事事追求完美可不是什么值得称赞的做法。你努力的方向应该是让自己充满才干、独一无二，而不是做什么都有两下子却始终是咣当的半瓶子醋。要记住，虽然你缺点很多，也相当不完美，但你是你而不是别人，这点会让你变得独特和稀有。就像那个长相并不好看的苹果，其实还是相当内秀相当有内容的呢！卢梭说：大自然塑造了我，然后把模子打碎了。但是，有太多人违背自我，以别人眼中的"完美"作为自己的目标和追求对象，所以，势必活得很累。对于生活，大可不必如此，只要拥有一颗知足的平常心，你将轻松许多。而且，接受多数人身上都存在的缺点，你的生活一定能或多或少地得到改观。同样，对自己也尽量宽容一些，学会欣赏自己的不完美，构建属于自己的生活和天空！那么，从现在开始，学会接受自我，找寻不完美的美丽所在吧。

不要把自己强行困在回忆中

人的本性中有一种叫作记忆的东西，美好的容易记着，不好的则更容易记着。所以大多数人都会觉得自己不是很快乐。那些觉得自己很快乐的人恰恰是因为他们把快乐的记着，而把不快乐的忘记了。这种忘记的能力就是一种宽容，一种心胸的博大。生活中，常常会有许多事让我们心里难受。那些不快乐的记忆常常让我们觉得如鲠在喉。而且，我们越想，越会觉得难受，所以不如选择把心放得宽一点，忘记那些不快的记忆，这是对别人，也是对自己的宽容。

有一位百岁高龄的老奶奶，思维敏捷，耳聪目明，脸色红晕。人们惊叹之余，开始请教她长寿的秘诀。老人笑呵呵地说："多吃素食，性格开朗，心情豁达；凡事能拿得起，更要放得下……"老奶奶强调最多的就是要学会忘记痛苦，忘记烦恼，忘记仇怨，要铭记善施，铭记恩情，感恩报德。

其实，记忆对人本身是一种馈赠，心胸宽阔的人，用它来馈赠自己；但同时它也是一种惩罚，心胸狭窄的人用它惩罚自己。所以说，有时候，记性不要太好，人最大的烦恼就是记性太好。

人生的成或败、乐或悲，有相当一部分取决于自己的心态。一个人心里想着快乐的事情，他就会变得快乐；心里想着伤心的事情，他的心情就会变得灰暗。那么，为何不忘记烦恼，让自己活得更加快乐呢？

周国平写过一个寓言：

有一位少妇忍受不住人生苦难，遂选择投河自尽。恰恰此时，一位老艄公划船经过，二话不说便将她救上了船。

艄公不解地问道："你年纪轻轻，正是人生当年时，又生得花容月貌，为何偏要如此轻贱自己，要寻短见？"

少妇哭诉道："我结婚至今才两年时间，丈夫就有了外遇，并最终遗弃了我。前不久，一直与我相依为命的孩子又身患重病，最终不治而亡。老天待我如此不公，让我失去了一切，你说，现在我活着还有什么意思？"

艄公又问道："那么，两年以前你又是怎么过的？"

少妇回答："那时候我自由自在，无忧无虑，根本没有苦恼可言。"她回忆起两年前的生活，嘴角不禁露出了一抹微笑。

"那时侯你有丈夫和孩子吗？"艄公继续问道。

"当然没有。"

"那么，你不过是被命运之船送回了两年前，现在你又自由自在、无忧无虑了。请上岸吧！"

少妇听了艄公的话，心中顿时敞亮许多，于是告别艄公，回到岸上，看着艄公摇船而去，仿佛做了个梦一般。从此，她再也没有产生过轻生的念头。

无论是快乐亦或是痛苦，过去的终归要过去，强行将自己困在回忆之中，只会令你备感煎熬！无论明天怎样，未来终会到来，若想明天活得更好，就必须以积极的心态去面对它。

其实，每个人的一生都是在不断的得失中度过的，所有不如意和不顺心，其实都与在得失之间的心理调适做得不够有关系。人生如白驹过隙，如果我们在伤痕里执迷不悟，是否太亏欠这似水年华呢？学会淡忘，学会洒脱，人生才会有属于自己的精彩。

进一步说，这些心理上的包袱虽然只属于你自己，但它却会令很多人为之担心不已，这其中包括你的父母、你的妻儿、你的朋友……有些时候，纵使放不下也要放，多愁善感不但会伤害你自己，同时还会伤害那些关心你的人。难道，你真的舍得他们每日为你提心吊胆，看着你郁郁寡欢的样子痛心不已吗？

学会忘记，也就收获了幸福

起落人生，有凄美瞬间，也有执手相看泪眼。时光流转，如梦如幻，似乎冥冥中自有天意。于是总是在得与失之间徘徊，失望之情不能平复，因而备感忧伤。

很多时候，生活的确无奈，甚至会让人觉得是一种折磨、一种煎熬。然而，它又不可避免。或许，你有一二知己，却远隔他乡；或许你有一知心爱人，却天涯相望；或许你才华横溢，却命比纸薄；或许你侠肝义胆，却屡逢宵小……总之，人生不会圆满，人人都要尝尽人生之无奈、生活之坎坷。

一个美国人带着他即将读大学的孩子去欧洲旅行,因为那里留有他青春的痕迹。旧地重游,很是亲切,还有一缕说不出的伤感,因为曾失却的爱,就在这里。

和儿子进入大学城内的餐厅用餐,才刚坐下,父亲即面露惊讶。原来,这家餐厅的老板娘,竟是当年他在此求学时追求的对象。

二十多年岁月变更,当年的粉面桃花早已不再。父亲告诉儿子说,她以前是一家酒吧主人的千金,她的笑容与气质深深地吸引了他。虽然女孩父亲反对他们往来,但两颗热恋的心早已融化所有的障碍,他们决定私奔。

这位美国朋友托友人转交一封信给女孩,约定私奔的日期和去向。很遗憾,他等了一天,却没看到女孩出现,只看见满天嘲弄的星辰。他只好带着一张毕业证书回到美国。

儿子听得如痴如醉。突然,他问父亲,当年他在信上是如何注明日期的。因为美国表示日期的方式是先写月份,后写日期,而欧洲是先写日期,再写月份。

父亲恍然大悟,原来自己约定的日期10月11日,女孩却采用欧洲的读法,判断为11月10日。一个日期的误会,因而错失一段美好的姻缘。

二十多年来,他一直想用恨来冲淡想念;二十多年来,那女孩呢?她一定也在恨那个"薄情郎"。这位年近50岁的美国人,很想走过去,告诉老板娘:我们都错了,只为一个日期的误读,不为爱情。

最终,这位父亲没有站出来揭开谜底,只是默默地买单,然后轻松地回家。因为他已在心中彻底地为一个爱情中的无辜女主角昭雪。

把相恋时的狂喜化成披着丧衣的白蝴蝶,让它在记忆里翩飞远去,永不复返。与绝情无关——唯有淡忘，才能在大悲大喜之后炼成牵动人心的平和；唯有遗忘，才能在绚烂之后炼出处变不惊的恬然。

忘记是一种境界的提炼，是一种心态的调和，是一种高尚智慧的再现。学会忘记那些不该铭记的人和事吧，忘记那些不属于自己的一切，让阳光洒满心田，让爱的雨露滋润本该属于你的情感花苗。

忘记无缘的朋友，忘记投入却不能收获的感情，忘记花开花落的烦恼，忘记夕阳易逝的叹息，忘记一切不愿记忆的东西。对万事万物不要刻意地追求，否则很难走出患得患失的误区。生命要升华出安静超然的精神，懂得放弃，学会忘记，也就收获了幸福。

失恋这事，还是让它早些过去吧

人活着，会有许多羁绊和欲望，这些东西要是拿掉了，人就会变得很轻松，如果总是背着，最终有可能累死在路上。生活原本是非常纯朴、简单的，学会舍弃自己不特别需要、对人生益处不大的东西，学会放手，保持一颗简单的心，你会觉得其实生活真的很美好。

人，正因为不懂得舍弃才会有许多痛苦。当自己有了舍弃和清理自己的智慧时，就会豁然开朗，生活会马上向你展现出另外一个截然不同的景致。

雪儿因为她爱的人娶了别人而一病不起，家人用尽各种办法都无济于事，眼看她一天天地消瘦下去，家人、朋友真是看在眼里，急在心里。

后来，她的妈妈便带她去看了心理医生。心理医生很快便找到了她病情的症结，于是耐心开导她说："其实喜欢一个人，并不一定要和他在一起，喜欢一个人，最重要的是让他快乐，如果你和他在一起他不快乐，那么就勇敢地放手吧！"

的确如此，喜欢一个人，就要让他快乐、让他幸福，使那份感情更诚挚。在心理医生的耐心开导下，雪儿变得开朗，也不再郁郁寡欢，而她的病也一下子就好了。

有些女孩常抱怨："我很爱我的男朋友，为了他我愿意放弃任何东西，他喜欢的我都会去做，他不喜欢的我就不去做。我对他简直是好得不能再好了，可他却不是很爱我。我也觉得这样太没自我了，可是我真的无法想象离开他的日子，我觉得我会死的，我想总有一天他也会很爱我的。"

当一个人因爱情迷失自我时，就放弃了得到认可和尊重的权利。经营婚姻和爱情，就像手中抓住的沙子，握得越牢，流失得越快。很多人为了经营爱情，放弃了很多，甚至包括事业，竭尽全力想抓牢这份爱，但终究失败了。一个人如果把自己的感情全部寄托在别人身上，舍弃自尊、自我价值，幸福生活就不可能有保障。

很多时候，我们都应该懂得放弃，放弃才会使自己身心愉快！

有的时候路走错了，如果你毫无意识地继续走下去，那么你将会离目标越来越远，这个时候能够停下来就是进步。

那些迫不得已的分离，请释怀

如果我有一块糖，分给你一半，就有了两个人的甜蜜。如果你我都有一份痛，全部交给我来担，我一个人痛，就足够了。

他和她青梅竹马。

20岁那年，他应征入伍，她没去送他，她说怕忍不住不让他走，她不想耽误他的前程。

到了部队，不能使用手机，他与她之间更多的是书信来往。每一次看到她的信，他都在心里对自己说：等着我，我一定风风光光娶你进门，与子偕老，今生不弃。

三年的时间可以模糊很多东西，却模糊不了他对她的思念。可是突然有一天，她在信中对他说：分手吧！我已经厌倦了这种生活，真的厌倦了！

他不相信，不相信这是真的，他甚至想马上离开部队，回去让她给自己一个解释。可是，那样做就是逃兵啊！

所有的战友都劝他：我们的职责虽然是光荣的，但对于自己的女人来说却是痛苦的。我们让女人等了那么多年，若日后真的荣归故里还好，若不能出人头地，还要让她跟着受苦吗？所以分开了也好。你得看开些，如果实在看不开，等退伍了，兄弟们陪你一起去，找她问个明白。

退伍那天,他什么都顾不得做,第一时间赶回了家乡,只想快点见到她,问她一句:为什么。可是见到她的那一刻,他彻底心冷了。他不愿相信却又不得不相信,她已嫁做人妻且已为人母。原来,她早忘了他们的爱情。

然而一个偶然的机会让他发现,他曾经送给她的东西,她一样没丢,保存至今。他找到她,想知道为什么,为什么明明没有忘记他,却嫁给别人。在他苦苦的询问与哀求之下,她终于道出了事情的真相。

原来,有一次她去参加朋友的聚会,喝多了酒,他现在的老公曾经是她的追求者,主动送她回家,就在她家的小区里,他们遇到了一位酒驾的业主,他猛地推开她,她无甚大碍,他却残了一条腿。她说:"所以,我宁愿嫁给他,照顾他一辈子。只是没想到这份感情里,伤得最深的还是你。"

他沉默了,没有说话,只是静静地听着,就像听故事一样。

他默默地转身走了,烧毁了她送给他的所有东西,不是绝情,只是想把她彻底忘记。他知道她心里也有痛,他不能在她的心里再撒盐,这种痛,他一个人来忍受,就足够了。

一段感情的终止也许只源于一个误会,但事实已定也便无法再挽回。也许对方心里也有痛,只是你当时没有理解他的心情。那么剩下的不该是用你最后的勇气去祝福他吗?

爱你的人如果没有按你所希望的方式来爱你,那并不代表他没有全心全意地爱你。有些时候,爱情里确实存在着迫不得已。如果真的不能执手偕老,那么放开你的手,让他幸福。那些迫不得已的分离,请释怀。

CHAPTER 08

苦·情绪
你的悲观，远比坏事本身更糟糕

在我们的生活中，酸甜苦辣咸各种滋味应有尽有，尝尽百味是人生的必经历程。虽说人人都喜欢生活中甜美的一面，然而生活却总会在不经意间给我们一些苦涩，你看到的那些快乐的人也不是没有痛苦，他们只是不会被痛苦的情绪所左右。痛苦实在无法彻底消除，而关键在于，我们如何面对痛苦。

生活也许不好，但也没那么糟

没有人生来就注定是个失败者，在人生这个竞技场上，能否超越自我，脱颖而出，关键要看你对生活抱有一种什么样的态度，关键要看你怎样去经营自己的人生。那些只知怨天尤人、不思进取的人，将注定被淘汰。

事实上，这世界上根本就没有过不去的坎，一时的失意绝不意味着失意一世。你要知道，在这个世界上，很多人远比你还要不幸！

有个穷困潦倒的销售员，每天都在抱怨自己"怀才不遇"，抱怨命运对自己不公。

圣诞节前夕，家家户户热闹非凡，到处充满了节日的气氛。唯独他冷冷清清，独自一人坐在公园的长椅上回顾往事。去年的今天，他也是一个人，靠酒精度过了圣诞节，没有新衣、没有新鞋，更别提新车、新房子了，他觉得自己就是这世界上最孤独、最倒霉的那一个人，他甚至为此产生过轻生的念头！

"唉，看来，今年我又要穿着这双旧鞋子过圣诞节了！"说着，他准备脱掉旧鞋子。这时，"倒霉"的销售员突然看到一个年轻人滑着轮椅从自己面前经过。他顿时醒悟："我有鞋子穿是多么幸福！他连穿鞋子的机会都没有啊！"从此以后，推销员无论做什么都不再抱怨，他珍惜机会，发愤图强，力争上游。数年以后，推销员终于取得了成功，过上了幸福的生活。

很多人天生就有残缺，但他们从未对生活丧失信心，从不怨天尤人，他们自强自立、不屈不挠。可有些人，生来五官端正，手脚齐全，但仍在抱怨生活、抱怨人生，相比之下，难道我们会为他们感到羞愧吗？丢开抱怨，用行动去争取幸福，你要明白：纵然是一双旧鞋子，但穿在脚上仍是温暖、舒适的，因为这世界上还有人连穿鞋的机会都没有！

当然，在麻烦、苦难出现时，人总会感觉内心不安或是意志动摇，这是很正常的。面对这种情况，就必须自励自勉，鼓起勇气，信心百倍地去面对，这才是最正确的。

有一名叫作鲁奥吉的青年，他在20岁那年骑摩托车发生事故，腰部以下全部瘫痪。鲁奥吉在事后回忆说："瘫痪使我重生，过去我所有做的事都必须从头开始学习，就像穿衣、吃饭，这些都是锻炼，需要专注、意志力和耐心。"

鲁奥吉以极积的态度声称，以前自己不过是个浑浑噩噩的加油站工人，整天无所事事，对人生没什么规划。车祸以后，他经历的乐趣反而更多，他去念了大学，并拿到了语言学学位，他还替人做税务顾问，同时他还是射箭与钓鱼的高手。他强调，如今，"学习"与"工作"是他所选择的最快乐的两件事。

的确，生命中收获最多的阶段，往往就是最难挨、最痛苦的时候，因为它迫使你重新检视反省，替你打开了内心世界，给了你更清晰、更明确的方向。

要想生命尽在掌控之中是一件非常困难的事情，但日积月累之后，经验能帮助你汇集出一股力量，让你越来越能在人生这个赌局中进出自如。很多灾难在过后回头看它，会发现它并没有当初看来那么糟糕，这就是生命的成熟。

乐不在外，而在心

生活中有许许多多的美好、许许多多的快乐，关键在于你能不能发现它。

幸福是一种内心的满足感，是一种难以形容的甜美感受。它与金钱地位无关，只与你是否拥有平和的内心、和谐的思想有关。

一个充满忌妒的人是很难体会到幸福的，因为他的不幸和别人的幸福都会使他自己万分难受；一个虚荣心极强的人是很难体会到幸福的，因为他始终在满足别人的感受，从来不考虑真实的自我的需求；一个贪婪的人是很难体会到幸福的，因为他一直都在追求，而根本不会去感受。

幸福是不能用金钱去购买的，它与单纯的享乐格格不入。比如你正在大学读书，生活相当清苦，但却十分幸福。过来人都知道，同学之间时常小聚，一瓶二锅头、一盘花生米，就会有说有笑，彼此交流读书心得，畅谈理想抱负，那种幸福感至今仍刻骨铭心，让人心生向往。而昔日的那种幸福，今天无论花多少钱都难以获得。

CHAPTER 08　苦·情绪
你的悲观，远比坏事本身更糟糕

一群西装革履的人吃完饭后笑容满面地从五星级酒店里走出来时，他们看起来是幸福的。而一群外地民工在路旁的小店里，就着几碟小菜，喝着啤酒，说说笑笑，你就能说他们不幸福吗？

因此，幸福不能用金钱去衡量，一个人很有钱，但不见得很幸福。因为，他有可能正在担心别人会暗地里算计他，或者为取得更多的名利而处心积虑。许多人全心全意追求金钱，认为有了钱就可以得到一切，事实证明，那种想法是愚蠢的。

其实，幸福并不仅仅是某种欲望的满足，有时欲望满足之后，体会到的反而是空虚和无聊，而内心没有忌妒、虚荣和贪婪，才可能体会到真正的幸福。

湖北的一个小县城里，有这样一家人，父母都上年纪了，他们有三个女儿，只有大女儿大学毕业有了工作，其余的两个女儿还在上高中，家里除了大女儿的生活费可以自理外，另外两个女儿的生活费用都得靠父母负担。但这一家人每个人都很快乐。晚饭后，父母一同出去散步，和邻居们拉家常，两个女儿则去学校上自习。到了节日，一家人聚到一块儿，更是其乐融融。家里时常会传出孩子们的打闹声、笑声，邻居们都羡慕地说："你们家的几个闺女真听话，学习又好。"这时父母的眼里就满是幸福的笑。其实，这个家经济负担很重，两个女儿马上就要考大学，需要一笔很大的开支。但女儿们却能给父母带来快乐，也很孝敬。父母也为女儿们撑起了一片天空，让她们在飞出家门之前不会感到任何凄风冷雨。所以，他们每个人都是快乐和幸福的。

古人李渔说得好："乐不在外而在心，心以为乐，则是境皆乐，心以为苦，则无境不苦。"意思是：一个人是否幸福不在于外在情况怎样，而在于内在的想法。如果你有积极的想法，即使是日常小事，你也会从中获得莫大的幸福；倘若你思想消极，那么任何事情都会让你感到痛苦。苏轼也说："月有阴晴圆缺，人有悲欢离合，此事古难全。"既然"古难全"，为什么你不去想一想让自己快乐的事，而去想那些不快乐的事呢？一个人是否感觉幸福，关键在于自己的想法。

如果今天早上你起床时身体健康，那么你比几百万的有病之人更幸运，因为他们中有的甚至看不到明天的太阳；如果你从未尝试过战争的危险、牢狱的孤独、酷刑的折磨和饥饿的滋味，那么你的处境比其他五亿人更好；如果你在银行里有存款，钱包里有票子，盒里有零钱，那么你属于世上8%最幸运之人；如果你父母双全，没有离异，且同时满足上面的这些条件，那么你的确是那类很幸运的地球人。

所以，去工作而不要过度以挣钱为目的；去爱而忘记别人对你的不好；去跳舞而不管是否有他人关注；去唱歌而不要想着是否有人在听。这样，你就会发现其实你也很幸福！

你心坚强，世界也坚强

遗憾会使有些人堕落，也会使有些人清醒；能令一些人倒下，也能令一些人奋进。同样的一件事，我们可以选择不同的态度。如果我们选择了积极的态度，并做出积极努力，就一定会看到前方瑰丽的风景。

其实，人生中有遗憾并不可怕，怕就怕我们沉浸在戚戚的遗憾中停滞不前。甚至是那些看似无法挽回的悲剧，但只要我们意念强大，勇于面对，就能修正人生航向，创造人生幸福，实现人生价值。

一个美国女性辛蒂在医科大学时偶然到山上散步，带回一些蚜虫。她拿起杀虫剂想为蚜虫去除化学污染，却感觉到一阵痉挛，原以为那只是暂时性的症状，谁料她的后半生从此陷入不幸。

杀虫剂内所含的某种化学物质使辛蒂的免疫系统遭到破坏，她对香水、洗发水以及日常生活中接触的一切化学物质过敏，连空气也可能使她的支气管发炎。这种"多重化学物质过敏症"，到目前为止仍无药可医。

起初几年，她一直流口水，尿液呈绿色，有毒的汗水刺激背部造成了一块块疤痕。她甚至不能睡在经过防火处理的床垫上，否则就会引发心悸和四肢抽搐。后来，她的丈夫用钢和玻璃为她盖了一个无毒房间，一个足以逃避所有威胁的"世外桃源"。辛蒂所有吃的、喝的都得经过选择与处理，她平时只能喝蒸馏水，食物中不能含有任何化学成分。

很多年过去了，辛蒂没有见到过一棵花草，听不见一声悠扬的歌声，感觉不到阳光、流水和风。她躲在没有任何饰物的小屋里，饱尝孤独之余，甚至不能哭泣，因为她的眼泪跟汗液一样也是有毒的。

然而，坚强的辛蒂并没有在痛苦中自暴自弃，她一直在为自己，同时更为所有化学污染物的受害者争取权益。她创立了"环境接触研究网"，以便为那些致力于此类病症研究的人士提供一个窗口。几年以后辛蒂又与另一组织合作，创建了"化学物质伤害资讯网"，致力于使人们免受威胁。

目前这一资讯网已有来自 32 个国家的五千多名会员，不仅发行了刊物，还得到了美国、欧盟及联合国的大力支持。

她说:"在这寂静的世界里,我感到很充实。因为我不能流泪,所以我选择了微笑。"

是啊,既然不能流泪,不如选择微笑,当我们选择微笑地面对生活时,我们也就走出了人生的冬季。

岁月匆匆,当困难来临之时,学着用微笑去面对、用智慧去解决。永远不要为已发生的和未发生的事情忧虑,已发生的再忧虑也无济于事,未发生的根本无法预测,忧虑只是徒增烦恼而已。你得知道,生活不像高速公路,会一路畅通。人生注定要负重前行,攀高峰,陷低谷,处逆境,一波三折是人生的必然,我们不可能苦一辈子,但总要苦一阵子,忍着忍着就面对了,挺着挺着就承受了,走着走着就过去了。

其实,上帝是很公平的,他会给予每个人实现梦想的权利,关键看你如何去选择。琐事缠身、压力太大——这些都不应该是我们放弃梦想的理由。要知道,幸福感并不取决于物质的多寡,而在于心灵是否贫穷,你的心坚强,世界也会坚强。

苦难过后,就是生命的强壮

刚毅拯救尘俗边缘的灵魂,摒弃世俗的舒适和安逸带来的贪恋、犹疑、怯懦,所有的困厄在其面前最终只能销声匿迹。

刚毅体现壮美,这种壮美势必扬弃盲目的追求和取舍,让思想更深刻、心灵更坚韧、品德更高尚。

自然而完美的高音，非帕瓦罗蒂莫属！

他家境贫寒，父亲是一个面食师，母亲在雪茄厂做工人，生活的清苦却从未动摇过他对歌唱的执着。

声乐课后的帕瓦罗蒂还要做每个月仅八美元的家教，这对他来说犹如杯水车薪。于是他又做保险，却又因此导致声带受损，无法发音。这对他无异于雪上加霜。疾病几乎令他却步！但他的骨子里却一直涌动着顽强不息的斗志。

痊愈后的帕瓦罗蒂开始在意大利一家歌剧院演出。他备受排挤、压制，表演的机会少得可怜，但他始终没有放弃潜心苦练。在1970年，他以一连串爆发九个高音C的奇迹，征服了美国音乐人赫伯特·布莱斯林，同时也征服了世界。一个穷孩子成长为男高音歌唱家，靠的就是与困境进行顽强斗争的精神。

弥尔顿有句名言：谁最能忍受苦难，谁的能力最强。苦难或许是上帝送给人的最好礼物，通过艰苦磨炼才会产生不屈不挠的人。

苦难往往是经过化装的幸福。"黑暗并不可怕。"一位圣哲说。苦难往往是令人心酸的，但是它有益于身心。不屈不挠的人是自信的，他的人生字典写满成功；不屈不挠的人是刚强的，他总有一个支撑自己的精神支柱。最高尚的品格是持之以恒磨炼出来的，一颗坚韧而又刚毅的心灵从炼狱般的锻造中所获取的要比从安逸享受中得到的多得多。

同一种命运，对于懦弱的人和刚毅的人会有不同的结局。懦弱的人屈从命运；刚毅的人用不屈不挠的精神改造命运，锻造人生。

莎莉·拉斐尔是美国著名的电视节目主持人，曾经两度获奖，在美国、加拿大和英国每天有 800 万观众收看她的节目。可是她在 30 年的职业生涯中，却曾被辞退 18 次。

刚开始，美国大陆的无线电台都认定女性主持人不能吸引观众，因此没有一家公司愿意雇用她。她便迁到波多黎哥，苦练西班牙语。有一次，多米尼亚共和国发生暴乱事件，她想去采访，可通讯社拒绝了她的申请，于是她自己凑旅费飞到那里，采访后将报道卖给电台。

1981 年她被一家纽约电台辞退，无事可做的时候，她有了一个节目构想。虽然很多家广播公司觉得她的构想不错，但因为她是女性，还是没有公司愿意雇用她。最后她终于说服一家公司雇用了她，但她只能在政治台主持节目。尽管她对政治不熟，但还是勇敢尝试。1982 年夏，她的节目终于开播。她充分发挥自己的长处，畅谈 7 月 4 日美国国庆对自己的意义，还请观众打电话来互动交流。令人想不到的是，节目很成功，观众非常喜欢她的主持方式，所以她很快成名了。

当别人问她成功的经验时，她发自内心地说："我被人辞退了 18 次，本来大有可能被这些遭遇所吓退，做不成我想做的事情。结果相反，它们鞭策我前进。"

正是这种不屈不挠的性格使莎莉在逆境中避免了一蹶不振，走向了成功。

只要不服输，总有赢的时候

很多时候，并不是困难挡住了你前进的步伐，而是你丧失斗志，就此低迷、一蹶不振，而在前进的路上止步不前。

每个人心中都存有"斗志"，都希望有朝一日出人头地、光耀门楣，但为什么只有少数人能够成就梦想呢？从根本上讲，是因为这部分人的"斗志"要较一般人更为强烈，而且他们知道怎样去驱使自己的"斗志"。

战国时期的著名思想家、教育家墨子告诉后辈"志不强者智不达"。一个人能在人生中撰写怎样的文章，很大程度上要取决于他心中的"大纲"如何。"金鳞"的志向是"龙在九天"，所以它才能够"一遇风雨便成龙"，我们若想"扶摇直上九万里"，心中就一定要有一种超出别人的欲望，要秉持着强烈的斗志及恒久的激情，不断地向目标冲刺。

"斗志"于人而言，一如飞机的引擎，只不过大多数人的引擎尚处于"熄火"状态，一旦引擎发动，且驾驶无误，你很快就会一飞冲天。

浙江商界代表人物、吉利集团总裁李书福，一度频受挫折、饱尝歧视，但他从未熄灭心中的斗志。继成功开发出国内第一辆踏板摩托车以后，李书福乘胜追进，将业务拓展到汽车领域，凭借执着的追求和不断进取的精神，最终成为国内声明显着的民营企业家。

众所周知，汽车行业极具挑战性——竞争激烈、风险超高，而李书福进入该领域之初，启动资金仅有五亿多人民币，这对于充满世界级巨头的汽车行业而言，不免显得有些小巫见大巫。况且，当时国家政策对民营企业还没有完全开放，李书福所面临的困难可想而知。

不过，李书福生来就有一种"撞南墙就要把墙推倒"的斗志，他经过摸索、分析，最终得出这样一条结论：国内汽车领域发展近20年来，从天津夏利到上海大众，从广州标致到别克、雅阁，排量越来越大，级别也越来越高。然而，对于中国老百姓而言，绝大多数人没有那么多钱，他们更需要价格在3万~4万元的低端轿车。于是，李书福最终将目标放在了"百姓轿车"的开发上。他曾说道："我会将价位定在3万~4万元，只要成本低于别人，价格低于别人，而质量高于别人，就能薄利多销，我就有机会！"

就这样，在世纪之交，中国汽车领域闯进了一个"莽撞汉"，他驾驶"吉利"逆流而上，将死气沉沉的中国车市搅得风生水起。吉利汽车接连四次引发降价风暴，令许多知名品牌苦不堪言，一时间打击声、讨伐声、质疑声纷纷袭来，一位国企汽车行业老总甚至公开戏谑："没有一不怕苦，二不怕死的精神，就别开吉利。"李书福顿时陷入了饱受非议的境地，吉利的年销售业绩，也仅有惨淡的几千辆而已。

不过，上天总是对那些"斗志昂扬"的人偏爱有加。中国入世以后，政府开放车价，夏利、奥拓相继推出三万元左右的低端轿车。这无疑为吉利做了一个免费的广告，老百姓终于明白了——原来三万元的轿车还是能够保证质量的。就此，吉利轿车的销售形势逐渐走好，2001年，吉利轿车全国销售业绩达到三万辆，李书福成功实现了扭亏转盈。

就是凭借着"不服输"的精神，李书福一步步将自己的梦想变成了现实。若干年来，他先后斩获中国青年改革家、十大明星企业家、新长征突击手、经营管理大师、中国汽车风云人物等多项荣誉，成为中国民营企业的先驱人物。

李书福的故事告诉我们：你为自己设定一个怎样的人生，你的人生就会成为什么样子。如果你一直怀揣高远的梦想，并且为之奋斗不已，梦想很容易就会实现，因为成功往往更垂青于那些"斗志强盛"的人。

如果将"斗志"看作是成功的动力，那么毫无疑问，梦想就是"斗志"的导航，梦想是成就人生的一种积极力量，它可以激发出你体内无限的潜能。一个人若想斩获成功，不但要立长志，还要尽其所能地将志向放大。

其实幸福就在转念间

生活的现实对于每个人本来都一样，但一经各人不同"心态"的诠释后，便有了不同的意义，因而形成了不同的事实、环境和世界。

有位朋友，干什么都不顺利，濒临崩溃，他觉得自己的人生暗无天日，似乎已经找不到活下去的理由。他找到心理医生，向医生诉说自己的失意与苦恼。

心理医生听完他的抱怨，取来一张中间带有黑点的白纸："先生，用你的心去看，你看到了什么？"

"不就是一个黑点吗？还有什么？"他感到莫名其妙。

"这么大一张白纸你都没有看到？"心理医生故作惊讶，"那好吧，既然你眼中只有黑点，就盯着这个黑点看两分钟。记住！不能将眼睛移向别处，看看你会有什么发现。"

他依言而行。

"黑点似乎变大了。"

"是的，如果将眼睛集中在黑点上，它就会越来越大，乃至充斥你整个人生，这是非常不幸的。"说着，心理医生又取来一张黑纸，中间部位画有一个白点："你再看看这张。"

他似乎有所领悟："是个白点，如果我一直看下去，它也会越来越大，对吗？"

"非常正确！如果你的心能够在黑暗中看到光明，并将它集中在光明上，你的世界也会越发明亮起来。"

人这一辈子，短暂也好，漫长也好，都需要用心去感悟、用心去品味、用心去经营。人生是一个在摸索中前进的过程，既然是摸索，就免不了有失误，免不了要受挫折，事实上，没有人能够不经受一丝风霜地走完人生。只不过，在相同的境况下，人们不同的心态决定了各自的人生质量。

有的人其实一直生活在幸福中，却总是感到备受煎熬，因为他习惯了盯着生活中的"黑点"：某一个困难、某一次挫折，甚至可能就是一点点的不如意，就会唤起他们的消极想象，心灵被一种渗透性的负面因素所左右，黑点被越放越大，遮住了生活中原本的美好。其实，这种"糟透了"的感觉并不是事实，而是一种被严重夸大的、歪曲的消极意识和心理错觉。这种惯性的却又十分荒谬的心理倾向，其实正是使我们心灵备受煎熬的罪魁祸首。

真正快乐的人都善于积极思考，他们看到的多是生活中的"白点"：哪怕处在人生的低谷，也在接受生命中的阳光。在他们看来，跌倒了并不可怕，重要的是懂得站起来时手里能够抓到一把沙。跌倒了的确会痛，但快乐的人转念一想，手中抓了一把沙也是一种收获，尽管这把沙子看上去毫不起眼，可是积累多了也能聚沙成塔。

生活永远是这样辩证统一的。在同一环境下，不同的思考会得到不同的心境。

那么：

如果有火柴在你的口袋中燃烧起来，可以这样去想：感谢上苍，幸亏我的口袋不是火药库；

如果你的手指扎了一根刺，可以这样去想：幸亏没有扎在眼睛里；

如果你的一颗牙疼，可以这样去想：幸亏不是满口牙疼；

如果你要去郊游，途中突然下起了雨，让人扫兴极了，可以这样去想：老天真是照顾人，这么热的天怕我中暑，及时来降温；

米煮熟了，却忘了关掉电源，结果饭煳了，锅底结了一层厚厚的锅巴，别懊恼，可以这样去想：真好，可以吃到一顿纯绿色、原汁原味的锅巴了；

就算是事业失败，你也可以把它看成成功路上的垫脚石；

……

在生命中的每一时刻，都去做这种积极的思考，会给我们的人生注入强大而神奇的精神力量，当困境来临之际，你就有能力将困境带来的压力转化为一种动力，在获得心理平衡的同时，获得人生的成功。

这种积极的思考，其实就是给我们的生活做一个假设，假设"黄连"可当"蜂蜜"尝，假设棚顶滴水亦可做琴声听，假设不幸就是幸运……这样转念一想，你眼前的景象就会大不一样。从某种意义上讲，这是给我们的心灵一种追求和期待，是一种心境的胜利和收获。

带着希望上路

鲁迅先生说，希望是附丽于存在的，有存在便有希望，有希望便是光明。当我们处于濒临绝望的境地时，心中必须要对希望有一份坚守，并不断地去努力寻找希望，只有如此，才会在失望中涅槃而生。

有两位英国考古学家，为了寻找所罗门王朝的遗址，历尽千辛万苦，穿越热带丛林、沼泽、沙漠，最后终于到达了遗址的所在地。在发掘中，他们意外地发现了所罗门王的墓地。这个墓地建在一个山洞中。当他们走进山洞的时候，洞口的巨石突然坍塌下来，堵住了洞口。他们使出了浑身的力气，想推开它，但巨石始终纹丝不动。无奈之下，他们只好举着火把向山洞里走去，去寻找其他的出口。然而，直到山洞的尽头，依然没有找到出口。顿时，一种恐惧感涌上他们的心头，他们想到了死亡！面对着洞壁那黑黢黢的岩石，他们感到窒息。然而，即使在走投无路的生死关头，他们也没有绝望，更没有坐以待毙，一种求生的意念，仍然支撑着他们继续寻找下去。

当他们喝完最后一滴水，疲惫地坐在地上，望着眼前石壁上的雕刻，想着这次发现的重大意义时，一定要找到出口的念头，就如同插在岩壁上的火把那样，照亮了他们孤寂的心。他们想到墓穴如果是封闭的，山洞里就会缺氧，火把就会熄灭。现在火把仍在燃烧，这就说明洞中还有氧，山洞与外界并没有完全隔绝。于是，他们继续寻找。终于在一个地方，发现火把突然更亮了，并且随风抖动起来，隔着岩壁还能听到潺潺的流水声，随即便看到了用碎石阻隔着的另一个洞口……

他们终于走出了绝境，将所罗门王朝遗址的奥秘公之于世。

无论遇到怎样的磨难，无论面临怎样的困境，我们都要坦然面对，只要心里尚有突破的希望，每一个明天都能给人带来惊喜。

其实，生活的现实对于我们每个人本来都是一样的。但一经各人不同"心态"的诠释后，便有了不同的意义，因而形成了不同的事实、环境和世界。心里装着哀愁，眼里看到的就全是黑暗；心里装着信念、坚忍，你的世界亦会随之刚强起来。

多年前，有一个美国女孩因为一场意外伤了双眼，她只能借助左眼角的小缝隙勉强看到东西。在童年时，她很喜欢和邻居家的孩子们玩跳房子游戏，不过，她根本看不见记号，所以只有将自己游玩的每一个角落都记在心中。这样，即便是和孩子们赛跑她也从来没有输过。正是凭着这种坚韧的精神，长大以后她获得了明尼苏达大学文学学士及哥伦比亚大学的文学硕士学位。

她年轻时曾经在明尼苏达的一个乡村里当教师，后来又成了"奥加斯达·卡雷基"的新闻学和文学教授。这13年她过得很充实，她不只教书育人，还在妇女俱乐部做演讲、在电台做谈话节目。再后来，她写了一本自传体小说——《我想看》，一经发表立即引起轰动，成为畅销良久的文学名作。她就是50年如盲人般生活的波基尔多·连尔教授。

　　对于自己的成功，她这样说："其实在我的心中，不时也会冒出是否会变成全盲的恐惧，但是我坚信生活会很美好，我以一种乐于面对的高度去面对我的人生。"或许是上天对于她这份坚持的奖励，终于在52岁时，波基尔多·连尔教授经过现代先进医术的治疗，获得了40倍于以前的视力。如果没有对信念的坚守，她所看到的一定不会是如此绚烂的世界。

　　只要还相信有希望，就会有奋斗，有机会。最悲惨的就是万念俱灰。一些人在连续遭遇挫折后，失去了自信心，经历了多次众叛亲离，以致最终绝望。其实，人在低谷的时候，只要你抬脚走，就会走向高处，这就是否极泰来；如果你躺下不动了，这就是坟墓。

　　诚然，你有权利选择战斗或放弃，但结果肯定大不相同。幸福眷顾那些刚强之人，无论现实是何等的残酷，只要精神屹立不倒，人生就还有欢乐存在。人活于世，始终要保留着希望，丢失了希望，与行尸走肉又有何异？事实上，只要我们能够在逆境中坚守希望，总是会有雨过天晴的时候。

CHAPTER 08 苦·情绪
你的悲观，远比坏事本身更糟糕

笑给自己听并不是一件难事

你是否对自己太过苛刻，习惯用错误惩罚自己？其实，人生本来烦恼已多，为了保持心的平衡，我们必须对自己宽容一点。所以，请给自己一个理由，让紧绷的神经放松一下，让疲惫的身心休息一番，让许久不见的笑容再次绽放在你的脸上……笑有很多种，有冷笑、有苦笑、有强颜欢笑、有哈哈大笑、有仰天长笑……但没有一种比它更迷人，那就是——笑给自己听！

花一点时间，想想你今天所做的事，尽量记下你做的一些不好的事，如，我不敢相信又把钥匙给丢了、错过电影开始的五分钟、买了一件不需要的东西、忘了买三明治的配料、忘了给朋友打电话、忘了带东西给爱人等。这个时候，你会笑自己吗？

换一个角度，想想看你记不记得这一天当中你做了哪些好事。如果你像大多数人一样，就算想起来一两件好事，也没有想到的不如意的事情多，你对自己就过于苛责了。

你或许会想："哦，每个人都一样嘛！这是人之常情，没什么大不了的。"没错，大多数人都如此，他们总是将焦点集中在自己犯的错误上。但这并不能改变什么，而且他们忽略了将错误搁在心里的害处有多大，那样不但会觉得有压力，还会导致自我防卫过严而冷酷无情。

我们有太多的事要去做，也有太多的错误需要弥补。为了保持平衡，必须给自己一点宽容，接受自己不完美的一面。如果追求事事皆完美而事实上根本做不到，就会沮丧，会觉得生活无聊透顶，身边的人也会渐渐远离你。

将焦点集中在自己的过错上，很容易深陷小事的烦恼中，认为自己真的一无是处，世界也毫不可爱：我生来只会做错事。负面的思考带来负面的能量，进而产生负面的行为。你会停留在问题、愤怒与不安的状态中，以后做事会更紧张，也会更吹毛求疵、更自责，也会更难尽如人意。人有缺点并不可怕，可怕的是因缺点而悲观，因悲观而虐待自己。

当你想到自己做得对的事时，你会将焦点集中在自己好的那一面，你会觉得自己有能力而且潜力无穷，你会多给自己一点机会，容许自己在做错事后有改进的空间。

想到自己做得对的事，能让你变成一个更有耐心的人，对你自己或别人都更有耐心，你会想看到人生的积极面，你会知道自己或别人都在尽力而为。总之，接受生活中的不完美，会不再那么紧张、压力过重。专家的建议是：你在各方面都尽力而为后，就要放手。因为无论你有多努力，都难免会犯一些错误。下次做得不够好的时候，不要严厉地责怪自己：看，你又犯了这毛病，怎么搞的，怎么这么笨，老是学不会，难怪别人不喜欢你！要把责怪转换成笑自己：看你，又以自我为中心了！虽然是很努力了，但下次要更小心点，哈哈！这样是不是会快乐一些！

当然，自我快乐的心态不是与生俱来的，是靠后天自觉自愿的磨砺和修炼得到的。这不仅靠个人努力，也靠生活在自己的圈子里的其

CHAPTER 08 苦·情绪
你的悲观，远比坏事本身更糟糕

他人潜移默化的影响。

有的人有一种习惯：每天翻阅相同的报纸杂志，他们从来不尝试接受任何不同的观点。在一次科学研究中，科研人员对这种人进行了心理测试：他们请一个政治立场明确的人阅读一份报纸的社论。社论开头的观点与他的观点一致。读到一半的时候，观点突然来了一个180°的急转弯。通过暗藏的摄像机，科研人员发现这位读者的眼睛突然转向该报纸版面的另一部分。这个思想僵化的读者甚至不愿意了解一个不同的观点，因此，他不可能有笑给自己听的幸运，反而有可能让别人笑自己。

生活中也一样，只是接受一种风味的菜肴，便永远也体会不到其他菜肴的美妙之处。有的人想都不想就一口咬定"我这个人口重，喜欢吃味浓的食物"，于是他们在清淡的食品端上来的时候，从来都不会考虑夹一点尝尝看。他们的心目中就坚信一种观念：只有味道重的东西才好吃，味道清淡的东西不用尝，肯定不好吃。这只能算作是过去经验的一种惯性，而成为真理的可能性太小。记得一个电视剧中的男主人公说不喜欢吃菠萝，只是因为这种水果外表很难看。但是当他有一天吃了处理好的菠萝以后却大声称赞："这是什么水果，给我再来一块！"菠萝味道没有变，只不过他以前不愿尝，吃了后，才知道原来它跟想象中的不一样。

人一旦暗示自己喜欢某种东西，便会努力说服自己放弃其他的东西。可是我们根本就没有去尝一尝，又怎么知道不好呢？所以一个不会变换口味的人不会成为美食大师，一个墨守成规的人永远也不会成为一个创造者。

人最好不要总把自己局限在一个固定的圈子里，尤其是对周围的

· 183 ·

环境和人感到不如意的时候，因为那时候你不可能笑。所以聪明人都会让自己在思维观念上和交际、工作中，保持一颗有弹性的心灵，随时关注、接纳新鲜的血液和力量，由此会发现，笑给自己听绝不是一件难事。

不好过的时候，把药裹进糖里

有人说：人之所以哭着来到这个世界，是因为他们知道，从这一刻起便要开始经受苦难。这话说得挺有哲理。可是，人的一生不能在哭泣中度过，发泄过后你是不是要思考一下：怎样才能让我们的人生走出困境，焕发出绚丽的色彩，让自己在生命的最后一刹那笑着离开？这，需要一种积极的心态。

在今天这种激烈的竞争面前，就算曾经在某一领域无往不利、叱咤风云的人物也难免惊慌失措，做出错误的判断。失败，只是人生的一种常态，不同的是，有些人在困境面前能够不受客观环境影响，不仅不会被击倒，反而会将人生推向更高的层次；有些人则很容易萎靡不振，把人生带入深渊。

前者不会被击倒。他们心中有一种光，那是任何外在不利因素都无法扑灭的、对人生的追求和对未来的向往；将后者击倒的不是别人，而是他们自己，是他们的思想中没有了信念，自己熄灭了自己心中的光。

心中有光，就会有信念，就会有力量！

曾见过这样一位母亲，她没有什么文化，只认识一些简单的文字，会一些初级的算术，但她教育孩子的方法着实令人称赞。

她家的瓶瓶罐罐总是装着不多的白糖、红糖、冰糖，那时候孩子还小，每每生病一脸痛苦，她都会笑眯眯地和些白糖在药里，或者用麻纸把药裹进糖里，在瓷缸里放上一刻，然后拿出来。那些让小孩望而生畏的药片经这位母亲那么一和一裹，立马就不一样了，在他们看来这些药片充满诱惑，就连没病的孩子都想吃上一口。

在孩子们的眼中，母亲俨然就是一位高明的魔术师，能够把苦的东西变成甜的，把可怕的东西变成喜欢的。

药是苦的，当你咽不下去的时候，把它裹进糖里，就会好些。这是我们从一位朴实的家庭妇女身上感悟出的生活哲理，她没有文化，但却很懂生活。

这是一种"减法思维"，减去了药的苦涩，就不会难以下咽。如今，她的孩子都已长大成人，也都有了自己的家庭，但每当情绪低落的时候，他们就会想起母亲的做法：把药裹进糖里。

她只是个普通的家庭妇女，在物质上无法给予子女大量的支持，但带给他们的精神财富却足以令其受用一生。她灌输给子女的是一种苦尽甘来的信仰，把生活的苦包进对美好未来的幻想之中，就能冲淡痛苦；心中有光，在沉重的日子里以积极的心态去看待并为之付出努力，就能够改变境况。

不知大家有没有读过三毛的《撒哈拉的故事》，那里充满了苦中作乐的情趣。读过之后，再听到那些憧憬旅行、爱好漂泊的人说自己没有读过"三毛",恐怕你都会觉得不可思议。

这本书用妈妈温暖的信开篇,以白手成家的自述结尾。在撒哈拉,环境非常之恶劣,三毛活在一群思维生活都原始的沙哈拉威人之中,资源匮乏又昂贵,但她却颇懂得做快乐的想象。尽管生活中有诸多的不如意,但只要有闪光点,她就会将其想象成诙谐幽默的故事,然后娓娓道来,引人入胜。

如果有时间,建议你买一本来看看,去了解一下那些苦中作乐的故事,那里有很多的不容易,但都被三毛轻松地带过了。

毫无疑问,三毛以及那位普通的母亲,都是对生活颇有感悟的人。其实生活就是一种对立的存在,没有苦就无所谓甜,如果我们都懂得在不如意的日子里给痛苦的心情加点糖,就没有什么过不去的事情。

其实我们完全可以把人生想象成一个"吃药"的过程:在追求目标的岁月里,我们不可避免地会"感染伤病",你可以把药直接吃下去,也可以把它裹进糖里,尽管方式有所不同,但只有一个共同的目的:尽快治愈病伤,实现苦苦追求的目标。将药裹进糖里减轻了药苦的程度,在生命力不济之时不妨试试这个方法。

生活,十分精彩,却一定会有八九分不同程度的苦,作为成熟的人,应该懂得苦中作乐。痛苦是一种现实,快乐是一种态度,在残酷的现实面前常做快乐的想象,便是人生的成熟。世界不完美,人心有亲疏,岂能处处如你所愿?让自己站得高一点,看得远一点,赤橙黄绿青蓝紫,七彩人生,各不相同;酸甜苦辣咸,五种滋味,一应俱全;喜怒哀乐悲惊恐,七种情感,品之不尽。成熟,就是阅尽千帆,苦并快乐着。

CHAPTER 09

|怨·情绪|
怨念，轻易扯断牵连幸运的线

怨念在我们的心里塞进了仇恨，涂上了黑暗，令我们整日思索着报复，抱怨着天地人，而荒废了本该用来经营人生的精力，使原本应该欣欣向荣的人生日渐走向荒芜。如果我们能够设法使心平静下来，淡化怨念，自然云淡风轻，这样每天开开心心的，难道不是很好吗？

善于宽恕就是与己为善

也许昨天，或者很久以前，有人伤害了你，你不能忘记。你本不应受到这种伤害，于是你把它深深地埋在心里等待时机报复。不过现在你应该明白，这样做是毫无益处的，不肯放过别人就是不肯宽恕自己。

在这个世界里，一个人即使是出于好意也会伤害他人。朋友背叛你、父母责骂你、爱人离开你……总之，每个人都会受到伤害。

人受到伤害的时候，最容易产生两种不同的反应：一种是怨恨；一种是宽恕。

怨恨是你对受到深深的、无辜伤害的自然反应，这种情绪来得很快。女人希望她的前夫与他的新妻子倒霉；男人希望背叛了他的朋友被解雇。无论是被动的还是主动的，怨恨都是一种邪恶，它窒息着快乐，危害着健康，它对怨恨者的伤害比被怨恨者更大。

消除怨恨最直接有效的方法就是宽恕。宽恕必须要经过从"怨恨对方"到"我认了"的情绪转折，最后认识到不宽恕的坏处，从而积极地去思考如何原谅对方。

宽恕是一种能力，一种阻止伤害继续扩大的能力。

宽恕不只是慈悲，也是修养。

生活中，宽恕可以产生奇迹，宽恕可以挽回感情上的损失，宽恕

CHAPTER 09　怨·情绪
怨念，轻易扯断牵连幸运的线

犹如一个火把，能照亮由焦躁、怨恨和复仇心理铺就的黑暗道路。

曾任纽约州长的威廉·盖诺被一份内幕小报攻击得体无完肤之后，又被一个疯子射了一枪差点送命。他躺在医院为他的生命挣扎的时候，他说："每天晚上我都原谅所有的事情和每一个人。"这样做是不是太理想了呢？是不是太轻松、太好了呢？如果是的话，就让我们来看看那位伟大的德国哲学家，也就是"悲观论"的作者叔本华的观点，他认为生气就是一种毫无价值而又痛苦的冒险，当他走过的时候好像全身都散发着痛苦，可是在他绝望的深处，叔本华叫道："如果可能的话，不应该对任何人有怨恨的心理。"

当哲人说"爱你的仇人"的时候，他也是在告诉你怎么样改进你的外表。你一定见过这样的女人，她们的脸因为怨恨而有皱纹，因为悔恨而变了形，表情僵硬。不管怎样做美容，对她们容貌的改进发挥的作用，也及不上让她心里充满宽容、温柔和爱所能改进的一半。

怨恨的心理，甚至会毁了你对食物的享受。圣人说："怀着爱心吃菜，也会比怀着怨恨吃牛肉好得多。"

要是你的仇人知道你对他的怨恨使你筋疲力竭，使你疲倦而紧张不安，使你的外表受到伤害，使你得心脏病，甚至可能使你短命的时候，他们不是会拍手称快吗？

即使你不能爱你的仇人，至少也要爱你自己。要使仇人不能控制你的快乐、你的健康和你的外表。就如莎士比亚所说的："不要因为你的敌人而燃起一把怒火，烧伤你自己。"

你也许不能像哲人那般去爱你的仇人，可是为了你自己的健康和快乐，你至少要忘记他们，这样做实在是很聪明的事。艾森豪威尔将军的儿子约翰说："我父亲不会一直怀恨别人……我爸爸从来不浪费一分钟，去想那些不喜欢的人。"

在加拿大杰斯帕国家公园里，有一座可算是西方最美丽的山，这座山以伊笛丝·卡薇尔的名字为名，纪念那个在1915年10月12日像军人一样慷慨赴死——被德军行刑队枪毙的护士。她犯了什么罪呢？因为她在比利时的家里收容和看护了很多受伤的法国、英国士兵，还协助他们逃到荷兰。在10月的那天早晨，一位英国教士走进军人监狱——她的牢房里，为她做临终祈祷的时候，伊笛丝·卡薇尔说了两句将刻在纪念碑上的不朽话语："我知道只是爱国还不够，我一定不能对任何人有敌意和恨。"四年之后，她的遗体被转移到英国，在西敏寺大教堂举行安葬大典。人们常常到国立肖像画廊对面去看伊笛丝·卡薇尔的那座雕像，同时朗读她这两句不朽的名言。

托尔斯泰曾经讲过这样一个故事：有位国王想励精图治，如果有三件事可以解决，则国家可以立刻富强。第一，如何预知最重要的时间。第二，如何确知最重要的人物。第三，如何辨明最紧要的任务。于是群臣纷纷献计献策，但却始终不能让国王满意。

国王只好去问一位极为高明的隐士，隐士正在垦地，国王问这三个问题，恳求隐士给予指点。但隐士并没有回答他。隐士挖地累了，国王就帮他继续干。天快黑时，远处忽然跑来一个受伤的人。于是国王与隐士把这个受伤的人先救下来，替他包扎好了伤口，把他抬到隐士家里。翌日醒来，这位伤者看了看国王说："我是你的敌人，昨天知道你来访问隐士，我准备在你回程时截击，可是被你的卫士发现了，他们追捕我，我受了伤逃过来，却正遇到你。感谢你的救助，也感谢你让我知道了这个世界上最宝贵的东西，我不想做你的敌人了，我要做你的朋友，不知你愿不愿意？"国王听了微笑着说："我当然愿意。"

国王再去见隐士，还是恳求他解答那三个问题。隐士说："我已经回答你了。"国王说："你回答了我什么？"隐士说："你如不怜悯我的劳累，因帮我挖地而耽搁了时间，你昨天回程时，就被他杀死了。你如不怜恤他的创伤并且为他包扎，他不会这样容易臣服你。所以你所问的最重要的时间是'现在'，只有现在才可以把握。你所说的最重要人物是你'左右的人'，因为你立刻可以影响他。而世界上最重要的是'爱'，没有爱，活着还有什么意思？"

学着宽恕吧！遇事记恨别人的人，往往不能从被伤害的阴影中平安归来，痛苦总是如影随形，到头来受伤害的反而是自己。因此，你一定要尽己所能地宽恕别人，这样做也正是在宽恕自己。

不要在伤痕里执迷不悟

对于伤害，你越在意，它刺痛你的程度就越深。你终日想着那些不幸的经历和不可挽回的伤害，不但惩罚不了伤害你的人，反而越会加剧自己的痛楚，这是我们自己在惩罚自己。

一位宫廷画师因作画讽刺当权重臣，惨遭杀害。

多年以后，画师的儿子长大成人，他得其父遗风，在作画方面颇具几分才华。但是，因为知道那位重臣仍对当年往事耿耿于怀，为求安然，他每天只低调地在画市上以卖画为生。

无巧不成书，偶然间，那位重臣的独子在逛画市时，偏偏看中了他的一幅画。见此，他傲慢地将画盖住，声称这是"非卖品"。看着对方失望远去的背影，一种报复的快感在他心中油然升起。

三日后，重臣亲自到访，再三请求画师的儿子将画卖给自己，并且随他定价，因为自己的儿子为这幅画，已经不吃不喝、不眠不休地折腾三天了！画师的儿子断然拒绝，他要充分享受报复带来的快感，他感觉压制已久的仇恨终于得到了些许释放。

翌日清晨，画师的儿子起床以后，照例铺纸作神像画——这是他多年养成的习惯，每日起床，必先画一尊自己所敬重的神。画着画着，他的手突然停住了。

"这神像怎么……怎么有些眼熟！可是到底像谁呢？"他停笔想了很久，突然失声惊叫："竟然是他！竟是我的杀父仇人！"

随即，他发疯一般将画撕得粉碎，口中大呼："我内心的恨，最终报复了我自己！"

仇恨是埋在心中的火种，如果不设法将其熄灭，必然会烧伤自己。有时候，即便自己已经灼烧成灰，对方却依然毫发无伤。

时刻回忆别人对你的伤害，就是用别人的错误来惩罚自己。如果能放开心量，原谅自己曾经的不幸，原谅自己曾经的无知，原谅自己曾经的沉沦与颓废，把过去的不快统统抛到脑后，那么一切都可以重新开始。

被丧心病狂的男友毁容后的台湾女孩曾德惠，从容地站在记者面前。她面目全非，但仍调侃说："如果大家看到我洁白的牙，说明我在笑！"经过四十多次手术，痛得她没空想别的，包括去恨什么人。

为了谋生，她上街兜售干燥花香包；为了未来，她决心上大学，但必须从高中读起……"我没有手、没有耳朵、没有鼻子，嘴巴合不拢，最要命的是，连胸部都烧掉了。"

她讲得很轻松，像在讲别人的故事，不过，她担心以后没有男人会再爱上自己。有一次，她去影院看恐怖电影《贞子》，上厕所出来，她说，没被"贞子"吓到的观众，反而被我给吓到了！

她笑着说，听的人却难过不已。

每次出门，她会在全身唯一完好的部位——十个脚趾上涂层蓝色指甲油，以提醒自己曾经有过的美丽。

可敬的曾小姐没有扔掉镜子，因为她要面对现实。有时，这比面对死亡更需要勇气！

释怀，并不意味着否认发生过的痛苦事情。释怀是强有力地肯定，坏事将不会毁坏我们的现在，尽管它曾毁坏过。

人生如白驹过隙，如果我们在伤痕里执迷不悟，是否太亏欠这似水年华呢？学会淡忘，学会洒脱，人生才会有属于自己的精彩。

对背叛你的人说声谢谢

人，都喜欢锦上添花，所以当你一帆风顺的时候，有很多人愿意接近你。人，本性是趋利避害的，所以当你举步维艰的时候，很多人可能会离开你。这个时候不要抱怨，不要责怪人情凉薄。对于曾经接近你的人，我们要感谢，因为他们给我们的"锦上"添了"花"；对于困难时离开的人，我们也要表示感谢，因为正是他们的离开，泼了一盆足以让我们清醒的冷水，让我们在孤独中重新审视自己，让我们有了冲破樊篱、更进一步的动力。

李竺轩与郭子美相恋五年有余，按照原来的约定，他们本该在今年携手走进婚姻殿堂的，但是，就在婚前不久，郭子美做了"落跑新娘"，她留下一纸绝情书，与另一个男人走了。

了解李竺轩的人都知道，他与郭子美之间的爱情九曲十八弯，甚至有些荡气回肠。

李竺轩英俊帅气，风度翩翩，在香港科技大学毕业以后，就回到了父亲创办的公司担任部门经理，并且有一位追随他父亲多年的叔伯专门负责培养、指导他。他行事果敢，富有创新意识，这个部门在他的管理下越发出色起来。

这个时候，追求他的姑娘、前来提亲的人家简直多得不可胜数，其中不乏当地的名门名媛，但他一概礼貌地回绝了，却唯独对来自农村的郭子美情有独钟。

那个时候的郭子美不但长相甜美，而且思想单纯，相比都市里风花雪月的女性，她恰似一朵雪莲花不胜娇羞，这份纯朴的美让李竺轩十分动心。

然而，受中国传统门户思想的影响，李竺轩的父母对于这种结合并不认同，李竺轩为此与家人无数次理论过，甚至愿意为郭子美放弃现在的一切。在他的坚持下，李竺轩的父母终于妥协了。

由于郭子美的身体一直不好，医生建议他们三年之内最好不要结婚，李竺轩只能把婚期向后推迟，三年来，他一直精心照顾郭子美，

CHAPTER 09 怨·情绪
怨念，轻易扯断牵连幸运的线

郭子美的身体渐渐好了起来。

随后，为了郭子美的事业，李竺轩又强忍着心中的寂寞，出资安排她去国外学习企业管理。在这五年多的交往中，可以说一个男人能做的，李竺轩几乎都做到了。

某一年，李家的公司遇到了危机。很快，公司的利润空间被缩小，后来，成了赔本买卖。无奈之下李父只能申请破产。李竺轩也由一个白马王子变成了失业青年。

任谁也没想到的是，就在李竺轩最困难的时候，那个他曾给予无数关爱，那个他愿意为之付出一切，那个曾与他海誓山盟的女孩，决绝地提出分手，跟着一个英国男人去国外"发展"了。

公司破产，李竺轩并没有多少难过，并且他觉得凭自己的能力，有朝一日一定可以帮助父亲东山再起，因为他觉得即便自己变成了一个穷小子，但至少还有一个非常相爱的女朋友。但是现在，他真的觉得自己一无所有了，曾有那么一段时间，李竺轩非常颓废。

一个人的时候，李竺轩会反复问自己，"我那么爱她，她为什么在这个时候离开我？！"最后，他不得不接受一个残酷的事实——她太功利了，她不会跟一个身无分文的穷小子过一辈子！究竟是她变了，还是原本就如此，此刻已不重要。重要的是，接下来该做些什么。

冷静之后，李竺轩意识到，自己必须努力了，否则才是真的一无所有了呢。女友无情的背离也让他对爱情有了新的认知，他懂得了，有的人并不值得去爱，也不是最终要爱的人，所以放手，放她离开，但不要带着怨恨，那只会让自己的内心永远不得安歇，为那个不爱自己的人徒留下廉价的伤感而已。

不久之后，李竺轩找到了父亲的一位老朋友，并以真诚求得了他的资助。用这笔资金，李竺轩在上海创办了一家投资公司，他又是学习取经，又是请高人管理，公司很快就走上了正轨，现在，李竺轩又积累了一笔不菲的财富。

在一位叔父的撮合下，李竺轩又结识了一位从法国留学归来的美丽姑娘，两个人一见钟情，很快确定了恋爱关系，双方的父母也都对彼此非常满意。

如果当初那个女人不离开他，或许李竺轩就不会有如此大的动力，成就一番事业。但是，她的离去，给了他前所未有的危机感，这种危机感鞭策着他必须去努力。

曾经受过伤害的人，在孤独中复元以后，会活得比以往更开心，因为那些人、那些事让他认清了自己，同时也认清了这个世界。如果有人曾经背弃了你，无论他是你的恋人还是朋友，别忘了对他说声"谢谢"，因为正是这背离，才让你更坚强，更懂得如何去爱，也更懂得如何保护自己。

送人以缎带，忘记彼此的不自在

生活中，许多事需要你记忆，同样也有许多事需要你遗忘。

比如，你失恋了，总不能一直溺陷在忧郁与消沉的情境里，必须尽快遗忘；股票失利，损失了不少金钱，心情苦闷提不起精神。你也只有尝试着遗忘；期待已久的职位升迁，人事令发布后竟然没有你，情绪之低可想而知。解决之道别无他法——只有勉强自己遗忘。

只有遗忘了那些不快，才会更好地前进。

然而，一般人往往很容易遗忘欢乐的时光，对于不快的经历却常常记起，这是对遗忘的一种抗拒。就如吃过了糖会很快忘记甜，吃过了黄连却口有余苦。

的确，无论是待人或处世，人们很少检讨自己的缺点，总是记得对方的不是以及自己的欲求。其实到头来，还是很少能如愿——因为，每个人的心态正彼此相克。

如果这个社会中的每个人，都能够试图将对方的不是及自己的欲求尽量遗忘，多多检讨自己并改善自己，那么，彼此之间将会产生良性的互补作用，这也才是每个人希望达到的。

一位女士给了一个朋友三条缎带，希望他也能送给别人。这位朋友自己留了一条，送给他不苟言笑、事事挑剔的上司两条，因为他觉得由于上司的严厉使他多学到许多东西，同时他还希望他的上司能拿去送给另外一个影响他生命的人。

他的上司非常惊讶，因为所有的员工一向对他敬而远之。他知道自己的人缘很差，没想到还有人会感念他严苛的态度，把它当做是正面的影响而向他致谢，这使他的心顿时柔软起来。

这个上司一个下午都若有所思地坐在办公室里，而后他提前下班回家，把那条缎带给了他正值青春期的儿子。他们父子关系一向不好，平时他忙于公务，不太顾家，对儿子也只有责备，很少赞赏。那天他怀着一颗歉疚的心，把缎带给了儿子，同时为自己一向的态度道歉，他告诉儿子，其实他的存在带给他这个父亲无限的喜悦与骄傲，尽管他从未称赞他，也少有时间与他相处，但是他是十分爱他的，也以他为荣。

当他说完了这些话，儿子竟然号啕大哭。他对父亲说，他以为他父亲一点也不在乎他，他觉得人生一点价值都没有，他不喜欢自己，恨自己不能讨父亲的欢心，正准备以自杀来结束痛苦的一生，没想到他父亲的一番言语，打开了心结，也救了他一条性命。这位父亲吓得出了一身冷汗，自己差点失去了独生的儿子而不自知。从此这位上司改变了自己的态度，调整了生活的重心，也重建了亲子关系，加强了儿子对自己的信心。就这样，整个家庭因为一条小小的缎带而彻底改观。

送人以缎带，证明你已遗忘了相处中所受的那些委屈和责难，忆起别人给你的快乐和益处。而接受你缎带者却更能被你感动，看到你的心灵之美，爱你，助你。学会遗忘，拾起那根缎带送给让你受伤的那个人，他将回报你一片灿烂的阳光。

抱怨是往自己的鞋子里倒水

对于同样的生活，如果人们心怀抱怨，他看到的一切都是灰色的，那么他的生活就总是消极、负面的；如果人们充满了满足、自信以及感恩，那么他的生活就是幸福和温馨的。这就是心态不同所带来的不

CHAPTER 09 怨·情绪
怨念，轻易扯断牵连幸运的线

同结果。

小张大学毕业以后，进入一家公司的策划部门工作，连主管在内，策划部一共五个人。因为小张文笔好，很快受到了经理的重视，公司的一些活动方案都交给小张起草。一般情况下，小张起草的活动方案，主管稍加改动，就会直接报给公司最高层，大多数都能通过审核付诸实施，但有时也会因某些公司领导的想法突然改变，重新进行调整。

有一次，公司要开展一次送温暖下基层的活动，起草方案的活儿自然落在了小张头上。小张先与对方进行联系，详细地了解当地的情况和对方的需求，然后再根据公司的具体情况，很快起草完成了整个活动的方案。方案送上去后，得到了公司高层领导的好评。小张为此暗自得意了很多天。

可是，就在这次活动开始启动的头天夜里，小张睡下后，朦胧中手机铃声响了起来，是公司秘书小雯打来的。她告诉小张，公司领导临时改变决定，那份活动方案需要修改，要小张马上回公司。小张一看，已经是凌晨两点多了。"哪有这样折腾人的！"小张十万个不愿意，但又不得不往公司赶，心里直抱怨公司的领导如此朝令夕改，并且完全不顾及员工的感受。到了公司后虽然很快完成了方案的修改，但大家都觉察出了小张的不满情绪。

也不知道为什么，自从这件事后，小张的心理发生了一些变化，他的抱怨多了起来，一点小事都会斤斤计较，慢慢地，抱怨的情绪逐渐占据了小张的内心。久而久之，同事们对小张有了意见，慢慢地疏远了他。公司领导也不再让他承担主要工作，而是叫他配合其他同事。

抱怨非但不能解决问题，反而还会让问题变得更加难以解决。小张的抱怨不仅降低了自己好不容易积攒起来的印象分，更对他的前途造成了致命的打击。所以说，一味地抱怨对人们毫无益处，它只会让人们对生活愈加不满，从而失去生活的信心。

不如意的人和事随时会出现在我们的周围，一旦事情发生了，我们就会不开心，会忧虑紧张，会感觉到各种压力，但是我们不要抱怨，而要积极调整自己的心态，以理智解决问题，让自己的心灵得到解放。

喜欢抱怨的人，对待事物总是持有一种消极的心态，一味地抱怨周围的人和事，而正是他的抱怨让他彻底失去了修成正果的机会。

实际上，人们之所以会有牢骚与抱怨，都是由于没有以正确的心态和角度来看待问题，所以才会牢骚满腹，抱怨不断。事物在人们心中的好坏，取决于人的心态，而不是事物本身，正所谓"以我观外物，外物皆着我色"。那些总是抱怨的人，不妨转换一下自己的心态，让乐观充满自己的内心，那么幸福或许就会来到自己的身边。

把抱怨情绪化为上进的力量

我们总是抱怨生活错待了自己，所以对生活怀有很大的怨气。这些怨气发泄出来的时候，又会牵连到我们身边的人，进而很多无缘无故的争吵，破坏了我们和谐的生活。

有句话说得好："凡墙都是门。"即使你面前的墙将你封堵得密不透风，你也依然可以把它视作你的一种出路。琐碎的日常生活中，每

CHAPTER 09 怨·情绪
怨念，轻易扯断牵连幸运的线

天都会有很多事情发生，如果你一直沉溺在已经发生的事情中，不停地抱怨，不断地指责，总觉得别人都比你过得好，总觉得生活错待了自己。这样下去，你就会越来越沮丧。只知道抱怨的人，注定会活在迷离混沌的状态中，看不见前方的光亮和明媚。

有两个一起长大的孩子因为某些原因失去了父母，后来都被欧洲的外交官家庭所收养。两个人都上过世界上有名的学校，但他们两个人之间却存在着不小的差别：其中一个三十多岁就成了成功商人；而另一个在国内某所学校任教，待遇不错，但他一直觉得自己很失败。

那位在欧洲经商的孩子回国后，邀请亲友邻居一起吃饭，也包括在国内任教的那个孩子。晚餐在寒暄中开场了，大家谈论着这些年各自的发展变化以及所经历的趣闻逸事。随着话题的一步步展开，那位教师开始越来越多地讲述自己的不幸：他是一个如何可怜的孤儿，又如何被欧洲来的父母领养到遥远的地方，他觉得自己是如何的孤独。他怀着一腔报国的热忱回国，又是如何不受重视等。

开始时，大家都表现出了同情。随着他的怨气越来越重，那位经商的孩子变得越来越不耐烦，终于忍不住制止了他的叙述："够了！你一直在讲自己有多么不幸。你有没有想过，如果你的养父母当初在成百上千个孤儿中挑了别人又会怎样？"教师直视着他的发小、那个经商的孩子说："你不知道，我不开心的根源在于……"然后接着描述他所遭遇的不公。

最终，经商的孩子说："我不敢相信你还在这么想！我记得自己在25岁的时候无法忍受周围的世界，我恨周围的每一件事，我恨周围的每一个人，好像所有的人都在和我作对似的。我很伤心无奈，也很沮丧。我那时的想法和你现在的想法一样，我们都有足够的理由抱怨。"

他越说越激动,"我劝你不要再这样对待自己了!想一想你有多幸运,你不必像真正的孤儿那样度过悲惨的一生,实际上你接受了非常好的教育。你负有帮助别人脱离贫困旋涡的责任,而不是找一堆自怨自艾的借口把自己围起来。在我摆脱了顾影自怜,同时意识到自己究竟有多幸运之后,我才获得了现在的成功!"

那位教师深受震动。这是第一次有人否定他的想法,打断他凄苦的回忆,而这一切回忆曾是那么容易引起他人的同情。

经商的孩子很清楚地说明,他们二人都曾在同样的环境下历经挣扎,而不同的是,他通过清醒的自我选择,让自己看到了有利的方面,而不是不利的阴影。

事实上,凡是伟大的人物从来不承认生活是不可改造的。他会对当时的环境不满意;不过他的不满意不但不会使他抱怨和不快乐,反而会使他充满一股对生活、对工作的热忱,从而获得成功。

疑·情绪
猜疑有如蝙蝠，永远飞在黄昏里

猜疑作为人性的弱点之一，历来是害人害己的祸根，是灰暗灵魂的伙伴。一个人一旦被猜疑包围，必定处处神经过敏，事事捕风捉影，对他人失去信任，对自己也同样心生疑窦，不仅损害正常的人际关系，而且影响个人的身心健康。

世界没你想的那么黑暗

　　一场考试或考核，无论程序多么公正，制度多么规范，落选者总是会说："这里面一定有黑幕！"而且，这种猜疑总是能赢得舆论共鸣。公司的晋升选拔，无论做得多么透明，总是会有那么一小部分人议论："这个人就是靠溜须拍马上去的。"或者"肯定给领导好处了！"在有关穷人富人的舆论争议中，这种心态表现得更明显，没有多少是非原则的认知，充斥着受害者的情绪发泄。这样的情绪状态，心理学上称之为"受害者心理"。这是一种消极的应对方式，其本质上是一种逃避心理。拥有受害者心理的人，倾向于通过不断肯定自己的无辜，把责任推卸给他人，而不去真正解决问题。就像歌曲《为什么受伤的总是我》中唱的那样："为什么受伤的总是我，到底我是做错了什么……"

　　有两个年轻人在同一家卖场工作，其中一个已经在这里待了四年。在与他的朋友在柜台边交谈，他说，这家卖场不器重他，他正准备跳槽。在谈话中，有个顾客走到他面前，要求看看帽子，但这个年轻人却置之不理，继续与朋友交谈。直到说完了，才对那位显然已不高兴的顾客说："这儿不是帽子专柜。"顾客问帽子专柜在哪儿，年轻人懒洋洋地回答："你去问那边的管理员好了，他会告诉你。"四年来，这个年轻人一直有很好的机会，但他却不知道珍惜。他本可以使每一个

CHAPTER 10 疑 · 情绪
猜疑有如蝙蝠，永远飞在黄昏里

顾客成为回头客，从而展现出他的才能，但他却敷衍塞责，把好机会一个又一个地丢失掉了。

另一个年轻人则是新来的。这天下午，外面下着雨，一位老妇人走进卖场，漫无目的地闲逛，显然不打算买东西。大多数销售员都没有搭理她，而那位新来的年轻人则主动过去打招呼，很有礼貌地问她是否需要服务。老妇人说，她只是进来避避雨，并不打算买东西。这位年轻人继续说，没关系，即使如此，她也是受欢迎的。他还主动和她聊天，以显示他确实欢迎她。当她离开时，年轻人还送她出门，替她把伞撑开。离开时，老太太向这位年轻人要了一张名片。

这个年轻人完全忘了这件事。但有一天，他突然被卖场总经理召到办公室，总经理向他出示了一封信，是那位避雨的老太太写来的。老太太要求这家卖场派一名销售员前往英国，代表该公司接下一宗大生意。老太太特别指定这位年轻人接受这项工作。原来这位老太太是英国一位商界大鳄的母亲。这位年轻人凭借他的热情、积极和平和的心态获得了一个极佳的晋升机会。

而那位在卖场工作了四年的年轻人在得知有位新人获得这样一个大好机会以后愤怒了，他逢人便说那人肯定是总经理的亲戚，还有可能是总经理情人的弟弟，而他并不知道在那个年轻人身上发生了什么。

当然，这个年轻人之所以能获得这个晋升机会，有一点偶然性。但有一句话一直都在提醒着每个人——机遇永远留给有准备的人。那些办事三心二意，干活投机耍滑的人，永远都不可能把机遇牢牢地握在掌心。就如第一个店员，他每天都牢骚满腹，甚至对顾客恶脸相向，即使他碰上的是英国首相式的人物，也不可能获得事业上的成功，弄不好还会丢了工作。

其实，导致人与人之间存在差异的因素就在这里，与其说人人都和你作对，不如说是你在和你自己作对。然而那些有"受害者心理"的人永远不会这么想，他们有一整套歪曲的逻辑——不是我的问题，是别人不好；不是我的问题，是我小时候没这个条件；不是我的问题，是这个社会不公平。他们把自己困在思想的牢笼里，认为自己永远没有错，错误都是别人和社会的。其实，觉得世界不公平，本质上说明你还是不够强大，你还没有做得足够好。

如果你愿意，你总是可以掌控点什么。谁没有痛苦，谁没有纠结呢？除非你让自己深深陷入抱怨与自怜之中。只要你愿意用一种掌控者的心态，去重新面对自己的工作和生活，你会发现生活很快就有了质的改变。

别让猜疑毁了人际关系

猜疑毁坏友谊，多疑的人永远找不到好朋友。友谊需要整个信任：或全盘信任，或全盘不信任。如果要把关系不断地分析、校准、弥缝、恢复，那么，这种关系只能增加人生的情感苦恼，而绝不能获得情感所产生的力量和帮助。

不久前，张某被调到集团下属外地企业去做业务经理，他认为这是明升暗降。"为什么要调离我？"他认为肯定有人从中搞鬼，"是上司

CHAPTER 10　疑·情绪
猜疑有如蝙蝠，永远飞在黄昏里

忌妒我的才干，怕我有一天抢了他的位置。"张某为此愤愤不平，他觉得自己受到了排挤。上司总是说他搞不好同事关系，给他安排工作时异议又很多。"我为什么要理那些人呢？"张某觉得自己从来就没有做错过。

"这口气怎么咽得下去！"张某向老板投诉，表达自己的不满，诉说自己的委屈，"我要让他吃不了兜着走！"张某恨恨地想。女朋友劝他不要这样做，他不听，她说他心理不正常，张某一下子火了："我有什么问题，我看是你变心了！"这时他恍然想起，每次女朋友去单位，与那位上司之间好像都在眉来眼去。"对，他们一定是早商量好的，将我调走，这样他们就有更多的时间勾连在一起了！我和他们没完！"事实上，每位与张某交往的女孩子都曾被他怀疑过，不是被怀疑不忠，就是被怀疑另有目的，所以即便张某长相不错，工作也不错，但直到三十多岁，还没有一个女孩子能够与之达到谈婚论嫁的程度。

张某这种状态已经持续很久了，那还是在他上高中的时候，虽然他成绩很好，但人缘却非常差。为什么呢？因为张某总是觉得自己胜人一筹，又觉得别人都在忌妒自己的才能。他觉得别人看自己的眼光都是异样的。同学们受不了他，疏远他，他更认定自己的猜想是正确的。他还爱顶撞老师，因为他觉得老师有很多观点都是错误的，却来批评自己，他甚至认为老师都在忌妒自己。

这么多年，张某也没有一个真正长久的朋友，别人在与其短暂接触以后，都避之唯恐不及，张某也从不主动去与别人交往，他更乐于独处，在他看来，那样似乎更安全。他怀疑一切，认为一切都隐藏着阴谋或者灰色地带。现在，他更是认为自己被人玩弄了，他恨这一切，同时他又认为：这是天妒英才。

猜疑有如蝙蝠，它们永远飞在黄昏里。

猜疑是毫无根据地对一些自己并不完全了解的事情进行各种设想、猜测、主观加工，并对自己的"内心假定"信以为真。为什么会有猜疑心理呢？可以说，这也是人的一种本能。人类为了生存要抵御来自各方面的威胁，猜疑是人类为保护自己而做出的本能防御，从这个层面上讲，每个人都有可能在某些时候产生猜疑心理，如果程度较轻，现实感和自我功能都很好，就不会对生活造成很大的影响……然而，猜疑过度就是不自信、自卑的表现了，是防御心理的过度。这样的猜疑往往是对自己不利的、消极的。

张某的猜疑心理显然已经影响到了生活。他敏感多疑，猜疑心很重，经常感到自己受到了别人的忌妒、陷害与攻击。从张某与前任、现任女友的关系中也不难发现，他这个人虽然在一些方面不失为强者，但总会无端自卑。

一个人过分多疑，是非常不利于人际交往的，因为多疑，就会听不进别人的任何意见，就会使别人感到其难以接近。因为多疑，即使自己的意见是正确的，也会使别人在情感上难以接受，就有可能产生反面效果。所以务必要改掉这个毛病，要谦和、平心静气地表达自己的观点，要积极地去倾听、思考别人的意见，这对自己总是有帮助的。不要总认为自己什么都比别人强，要知道人外有人，山外有山。不要整天疑神疑鬼，不要觉得别人都是阴谋家，怎么可能所有人都针对你？如果你能用豁达、宽容的态度对待别人，相信别人也会这样对待你。

其实，这个世界更多的还是好人，很多人都是可以信赖的，不应该对所有人心存怀疑，否则就会失去所有人的信任，甚至毁掉自己的生活。

CHAPTER 10 疑·情绪

猜疑有如蝙蝠，永远飞在黄昏里

根本没有人要害你

赵女士在北京经营着一家建材商店，生意一直不错，然而她的情绪一直处于不稳定状态，一个人的时候常会哭泣。

她觉得身边没有人理解自己，没有自我价值感，生活毫无意义可言。近段时间，她感觉自己已经无法控制情绪了，每次情绪发作时，自己就好像变成了另外一个人，满脑子都是丈夫如何亏待她、骗她，甚至认为丈夫和他母亲要对付自己，害自己。情绪来时如洪水猛兽，去得也快，事后又非常后悔，不知自己为何会变成这般模样。平均每周三到四次的情绪发作，令赵女士痛苦不堪。

赵女士出生在一个物质富足的家庭中，父亲算得上是当地的成功人士，但性格暴躁，大男子主义严重，对赵女士的管教非常严厉，经常斥责，甚至打骂她。母亲的脾气也不好，父母经常吵架。赵女士从小就很怕他们，唯恐父母不顺心就拿自己出气。到了青春期以后，父母不允许她单独出去玩，不管是与男同学还是女同学一起。放学以后必须准时回家，不然父母就会大发雷霆。这使得赵女士从小就很乖顺，不谙世事，爱幻想。

刚刚工作那会儿，赵女士结交了一个男朋友，虽然父母明确表示反对，但赵女士终于做了一回自己的主，她在父母的责骂声中离开了家，开始与男友同居。最开始的两个月，两人关系还算融洽，之后，两人开始争吵，男友骂她、羞辱她，甚至还动手打她。她要离开他，他跪下来求她，情真意切，痛哭流涕。她心软了，想到平时他对自己真的很体贴，这个时候她脑子里又都是他的好。这是她的初恋，她很珍惜这段感情，然而他总是时好时坏，好的时候是真好，处处体贴她、关心她，坏的时候是真坏，简直不可理喻、不近人情。就这样，他们在一起相互折磨了六年，她再也无法忍受，最终提出分手，他当然不愿意，但她决心已定。

她逃离了那座城市，孤身来到北京，两年前，她结识了现在的丈夫，他们相处得非常好，她觉得这个人很可靠，性情温和，随着接触的增多，两个人确立了恋爱关系。第二年，他们组建了家庭。

家庭生活中的琐事影响到了她的情绪，也勾起了她的回忆。她来到北京，原想与过去做个了断，摆脱心中的阴霾，然而这阴霾却越来越重，越想忘记，越挥之不去。她为此常在梦醒时分轻轻抽泣，莫名其妙地对丈夫发火。丈夫不理解她为什么会这样，问她，她又不愿意去讲，怕丈夫知道她的过去。有时丈夫保持沉默，她就更火大，更伤心。她会不知不觉地拿以前的男朋友与丈夫做比较，总觉得丈夫没有以前的男朋友对她那样体贴、细心，她知道不应该这样，但就是无法控制自己。

婆婆现在独自居住，儿子考虑母亲一个人可能会孤独，经常打电话问候，时常跟她聊天。就因为这一点，她非常烦恼、生气，她觉得婆婆抢走了丈夫对她的爱。逐渐地，她的郁闷发展成了猜疑，她觉得两个人如此频繁地通电话是在合谋要害她，她开始怀疑丈夫当初和自己结婚是另有所图，确切地说是为了她的钱。冷静下来，她也知道自己的想法不可理喻，但她无法自控。

从赵女士的感情生活来看，她的遭遇是不幸的。过严的家庭教育、缺乏温情的成长环境，造就了她单纯无知的心，也在某种程度上注定了她以后的人生经历。透过人格特征，基本可以判断她的前男友具有偏执型人格障碍。可是她并不了解，她忍受了六年不堪回首的生活。在这六年中，她始终在被男朋友要求按他的意愿做事、按他的思想生活，她几乎丧失了自我。她虽然猛然觉醒，断然离去，然而，她单纯如白纸的个性已经被偏执的前男友所涂画，她的人格被"同化"了。由于被"同化"，她变得敏感、多疑，以自我为中心。她不去理解别人，依赖性强，希望被关注。

赵女士是典型的"创伤后遗症"，她的性格带有很强的偏执色彩，既爱跟别人较劲，也爱跟自己较劲。以往的事情，在她内心里留下了严重的创伤，大多时候，她的内心在本能地压抑对这件事情的担心、恐惧和愤怒，而婚后的家庭生活，激起了她对那次创伤的回忆，以至使她无法自控。

客观地说，有过异常痛苦的经历，产生一点偏激的想法也属正常，说说狠话、发泄一下也就算了，千万不要让这些痛苦停留在自己的潜意识中，使之成为挥之不去的阴影。别让自己的身心一触碰到爱情就亮起红灯。在这个世界上，最可怕的心理就是"不信任"，一个人，如果不信任这个世界，就等于已经把自己与这个世界隔离了，偏执、孤独、焦虑、痛苦也会随之而来。

对于赵女士而言，她现在最需要的是内省，正视自己的心理障碍，好好考虑一下在现在这段感情里自己的问题、自己的偏执，主动接受治疗并做好自我调节，让自己从阴霾中走出来，成为心灵上的强者。

不相疑才能长相知

　　小许和小关是大学同学，二人相恋三年，最后携手走进了婚姻的殿堂。婚后的生活开始很幸福，小关就像影子一样，一直追随在小许的身旁。她曾幸福地说："我要做他的影子，只要他需要我，随时就能找到我。"

　　然而出人意料的是，数年以后，他们竟离婚了！小许告诉朋友："其实我们彼此还深爱着对方，但是这份爱让我太过疲惫，我只能选择放手。"

　　当朋友问及缘由时，小许回答："男人需要应酬，或多或少都要喝点酒，可是她反对，于是我就戒酒。在她面前，只要是不突破底线的事情，我从不坚持。我知道她这是为我好，我应该给予她相应的尊重，久而久之这便成了她的一种习惯，她一直左右着我的生活。或许在她看来，唯有如此才能说明她在我心中的重要。"

　　"于是你厌烦了，想要摆脱？"朋友问道。

　　"不，若是如此我们根本不可能将婚姻维持到今天。而且，这种情况下我该感到解脱才对，可为什么心中还会隐隐作痛呢？"

　　原来，婚后不久小许去了一家外资企业，而小关去了政府部门，工作度相差甚远，小许为了赶任务经常需要加班，而小关一直很清闲。

CHAPTER 10 疑·情绪
猜疑有如蝙蝠，永远飞在黄昏里

最初，小关只是抱怨，抱怨小许没有时间陪她。时间久了，这种抱怨逐渐升级为猜忌。他加班回家晚，她就等着他，他不回来她绝不睡觉。他回来以后，她就趁着他洗澡的间隙去翻他的口袋、嗅他的衬衣、翻看他的手机……看看能否从中找到一些证据。他上班时，她每天都要打几个电话"关心"一下，却从不顾及他的感受。再后来，她甚至会因为朋友间的一个玩笑信息，追着他盘问半天。

时间一久，他累了，她也累了，生活、事业重重压力之下他实在疲于花费精力去解释，既然两个人在一起猜忌多过于开心，不如暂时分开让彼此冷静一下。一段时间以后，他找到她，希望两个人能够重新开始，重新找回以往的甜蜜、温馨与信任。但是，她拒绝了，她之所以拒绝不是因为不爱，而是因为无法面对，她无法面对他，更无法面对自己，她不知自己怎么回事，竟去无端猜忌一个如此深爱自己的男人。是她害得他离开，是她害得自己疲惫不堪，她不知该如何去面对这一切，所以只能选择从他的世界中消失……

你是否也曾做得有些过火，将爱禁锢在自己编织的笼中，让对方感到无法呼吸？生活中有很多人认为，爱就是紧紧相拥，不留一点空隙，因为一旦有了距离，爱也就疏远了。其实爱情与人一样，需要起码的空间、氧气作为生存条件。将爱紧紧攥在手心里，爱情的一方必然会感到压力十足、难以喘息，这只会逼迫他去逃离。

小关的行为，一方面暴露出她在丈夫面前的自卑心理；另一方面也反映出她将自己封闭在这种偏执心态之中。所以，只要她内心安全感欠缺就会产生控制意念，再由意念转变为行为。她会认为丈夫是我的，必须要控制他、约束他。

俗语说："物极必反。"管得太死，就会使对方产生逆反心理，对方不仅不认为这是爱的表现，反而觉得你太多疑，对自己不信任。你整日疑神疑鬼，他（她）整日提防你，这样的爱会累死人，在如此狭小的空间里，爱情之火就会窒息。

其实对爱人的猜疑，不少人都有过，只不过轻重不一，有些人的猜疑心过重，甚至喜欢捕风捉影，听风就是雨，常常给自己树立一个假想敌，对方一有单独外出的机会，或者电话什么的，就怀疑是与情人约会、与情人通话，搞得双方心里都很紧张。我们希望爱人对自己坚贞，希望爱人对自己纯真的心理是正确的，然而过分地看重这一原则，就会对爱人的言行很敏感，正如鲁迅所说的那样："见一封信，疑心是情书；闻一声笑，以为是怀春了；只要男人来访，就是情夫；为什么上公园呢？总该是赴密约。"而现在呢？上网就是与情人聊天，打电话就是与情人联络感情；外出就是与网友约会，仿佛爱人的一切行动只为了一个目标——寻找外遇。

其实大可不必如此紧张，所有的事情自然有它的游戏规则，哪怕通信、科技再发达，家庭的存续恐怕也不会消失，爱人是以信任为基础的，信任是对爱人最好的尊重，要相信自己的爱人是一个能够正确处理各种事务的人，是一个有着正常判断力的人，是一个懂得感情、懂得尊重、懂得自尊的人，要将爱人当一个真正的有独立人格的人看待。当我们看到爱人的某一行为，如老公记下某一女同事的电话号码并有一些电话联系时，并非这些行动都是那么的庸俗和狭隘，要知道他肯定有自己的正当理由，或者为了公事，或者有什么事情需要协商等。

爱人之间的信任，需要双方共同培植，要从一些细节做起，应加强双方的沟通和了解，打消对方的顾虑。在这方面，列宁和克鲁普斯卡娅是我们学习的榜样，他们结婚后，订了一个公约：互不盘问。后来又加上了一条：互不隐瞒。这两条其实不矛盾。互不盘问，就是信任对方，不盘问对方的行踪；而互不隐瞒就是不需对方盘问，自己主动向爱人报告自己的行踪、想法，达到交流感情的目的。有了互不隐瞒，就不必盘问，不盘问对方，双方之间就有了信任感和被尊重感，这些都有助于感情的融洽和家庭的和睦。夫妻之间少些猜疑，多些真诚的交流，要经常交心。有道是："长相知，才能不相疑；不相疑，才能长相知。"当夫妻之间多些坦诚，不无端猜疑时，就能够做到知心了。

不要给你的爱人戴上锁链

人们常常将婚姻比作围城，围城外的人想进去，围城里的人想出来。为什么有人想进去的地方，有些人却想出去呢？因为相爱总是容易的，只要两情相悦，花前月下，海誓山盟总是很容易就可以做到的。但是真正相处在一起就是另外一回事了，由于性格、爱好、习惯各个方面的差异使夫妻双方相处总会产生各种各样的矛盾。

有很多人高喊捍卫纯洁爱情的口号，将爱人紧紧绑在自己的视线之内，唯恐其越雷池半步，用这种方法维持的婚姻，好像是把家庭建设成了一座不透风的监狱，而爱人就成了囚在狱中、被判了无期徒刑的犯人，人生来谁不渴望自由，所以这个狱中的人总想出逃，而这种做法无疑是亲手将爱情送进了坟墓。

　　李某是一家私营企业的老总，他的生意越做越大，资产近千万，刚刚进入而立之年的他唯一的遗憾就是没有一张大学文凭，所以他最大的心愿就是能娶到一位既年轻貌美，又有高学历的妻子，虽然这对腰缠万贯的他来说不算什么太难的事，但具体操作起来他才发现这并非易事，要么就是别人引荐的女硕士、女博士不够漂亮，要么就是自己相中的漂亮女性文化层次太低。就在他有些失望、有些着急的情况下，一次偶然的机会他与在一家研究所读博士的苗某相识了。

　　李某对苗某是一见钟情，他费了九牛二虎之力才把她追到了手，并娶回了家。他非常珍惜这来之不易的爱情，为了让娇妻过得风风光光，他在做生意时更加上心、卖力，可是让他感到痛苦的是，因为他们都要忙自己的事业，所以两人相聚的时间很少，见不到妻子的时候，李某的眼前总晃动着苗某的影子。他担心妻子丰姿绰约，在外面会有许多男人追求她，所以就动员已经读完博士研究生的妻子不要出去工作了，可苗某说什么也不同意，她觉得自己读了这么多年的书，回家做全职太太就是对知识的浪费，再说作为一个现代女性，她要保持自己人格的独立，要有自己的自尊。

　　这样一来，李某每天都掐准妻子下班时间，往家里打电话。开始时，妻子还能感受到丈夫的关爱，可时间一长，她心里就不舒服了，甚至有点不愿意接电话了，即使接了也有点敷衍了事。当李某感觉到妻子在敷衍他时，他便怀疑是不是妻子另有所爱了。于是李某便搞了几次突然袭击。出差回来，事先不打招呼，夜深人静时突然回家。开始时，还给苗某带来一点惊喜。可他三番五次这样做，弄得她神经都

CHAPTER 10　疑·情绪

猜疑有如蝙蝠，永远飞在黄昏里

有些紧张。

一次，李某带苗某出去应酬，大家兴致都很高，不知不觉间几个老板就喝多了，有的就拍着李某肩膀开起了玩笑："李总，你真有艳福，不过你小子当心点，你的妻子那么美丽，小心被别人给勾跑了。"

李某的脸色顿时阴沉了下来，尽管苗某替他打圆场，可他还是不再说话，大家才意识到问题的严重性，都灰溜溜地撤席了。不久，单位准备派苗某到设在另一个城市的分部去工作三个月，李某开始时不同意，后来见无法阻拦妻子，就偷偷到妻子单位去打听同去的人，得知这次没有男同事同行后，他才放下心来，但是回家后还是对苗某千嘱咐万叮咛，说社会很复杂，出门后要每天打电话向自己汇报，要格外注意小节；不要太放松自己，不要去参加请客吃饭，不要在节假日出去玩。

妻子刚走两天，他就追到妻子所去的新单位，当他兴冲冲赶到妻子宿舍时，本应下班在宿舍的妻子却不在，一打听是和别人一起看电影去了，他顿时火冒三丈，一直待在单位的大门口等到妻子回来，看到同去的人里并没有男性，他才没有兴师问罪。如此地"抽查"经常发生，连苗某的新同事都看出了端倪，大家都开玩笑说，她被农民包工头买下了。这让苗某感到很没面子。再次见面后，她就跟丈夫大吵了一架。

李某虽然一言不发，任由妻子发泄，但骨子里却更怀疑妻子变心了，他想不通自己到底错在什么地方？作为丈夫，他让她锦衣玉食，更对她百般呵护，至于他有些不放心她，那是爱她的表现。她怎么就不理解呢？

于是他便专门请了私家侦探，跟踪、调查妻子下班后的行动。

· 217 ·

终于有一天，苗某发现了丈夫的勾当。她觉得丈夫给自己的不是爱，而是绳索，于是向法院起诉离婚。

天长地久的爱，不是用誓言来为对方戴上锁链，而是用信任把她释放，谁如果想把爱情囚禁起来，那么他就会失去爱情。

当心手机变成了手雷

"如果让我重新选择，我不会去看他的手机。"周女士如是说。

那天，周女士的老公喝多了酒，回家以后倒头就睡。皮包里的手机因没电间歇性地响起提示音。周女士很自然地将手机拿出来充电，刚接好电源，一条短信传了过来。周女士很好奇，"深更半夜的，什么人会发信息给他？"于是，周女士打开了这条信息，手机屏幕上赫然出现了几个字：我想你了！

周女士与老公的战争由此开始，直到最后身心俱疲而分手。谈及这段失败的婚姻，周女士不无感慨"我想每个人都有隐私，包括我老公吧，这个短信像炸弹一样击碎了我们的生活。虽然错不在我，但我宁愿什么都不知道。"

手机是现代人最主要的通讯工具，其次还有 QQ 和电子邮箱，检查这些东西，就约等于将他人当成自己，有些"边界不清"的感觉。什么是"边界不清"呢？从心理学上来说，人与人之间是有界限的，

CHAPTER 10　疑·情绪
猜疑有如蝙蝠，永远飞在黄昏里

不管多么亲密的关系，包括夫妻、父子、母女等，再亲密都需要保持心理和行为的独立性，这个界限是不能逾越的。在周女士的这件事中，虽然导致家庭破裂的根本原因不在她，但她的这个行为并不值得提倡，因为这折射出了一种不信任。

遗憾的是，很多人都有这样的习惯：有些人趁对方不注意时翻看短信，又或者是登录对方的社交软件，甚至是打印对方的通话清单，全方位"监视"另一半的人际交往，在发现任何"可疑迹象"以后，立即针对一干"可疑人物"进行盘问。说小点，这是一种不信任；说大点，这也是一种病。

"他老是偷看我手机，怀疑我有外遇，这日子过不下去了！"民政局里，霜霜不满地说道。

霜霜与小明是来办理离婚手续的，原因是，小明经常偷看霜霜的手机，这令霜霜感到非常生气。而小明的火气也不小，"如果没什么问题，你为什么这么介意我看你的手机"。

霜霜告诉民政局的工作人员，小明偷看她手机的行为已经持续很久了。一开始，她也没有太介意，可是小明的行为越来越夸张。原来，小明怀疑霜霜和一个异性朋友关系暧昧，所以几乎每天都要看她的手机，短信、通话记录、微信、QQ无一遗漏。原本霜霜的手机是不设密码的，但是小明的行为引起了霜霜极大的反感，她设置了密码，可小明仍不罢休，也不知道试了多少次，竟然试到霜霜的手机都死机了。

小明为自己辩解："我是因为在乎她才这样做的。"小明坦言，当初自己追求霜霜着实费了一番力气，他十分在乎霜霜。然而，霜霜与一个男人之间的频繁互动引发了他的警惕。"她跟那个男的经常通电话、发消息，什么都聊，每次都能聊很久，男人和女人这么聊正常吗？"小明还说，有一次，他看到霜霜手机里有一条那个男人发来的信息"我想你了"，他顿时火冒三丈，当场就跟霜霜吵了一架。后来，小明偷看霜霜的手机"上了瘾"，两个人为此不知道吵了多少架。

可以看出，小明内心有着强烈的不安全感，他需要把与他亲密的人纳入他的自我范畴，才觉得可以把握控制。虽然小明的不安全感并非由霜霜产生，但却是由霜霜变得强烈。所以客观地说，霜霜也应该反省一下，自己有些什么行为让丈夫不放心？

那么，偷看手机这个行为到底正常不正常？我们可以从"偷窥"这个角度上分析一下。

前文说过，每个人都有"偷窥欲"，只是程度有所不同。爱一个人，想要更多的去了解他，关注他的方方面面，这是很正常的情感反应。但谈及夫妻之间是否适合互看手机这个问题，就要看彼此的接纳度了，没有一定的准则可循。如果说，偷窥手机这个行为不但给自己造成非常多的内心冲突，同时又令对方产生强烈的不满，使彼此关系因此不断地朝着恶化方向发展，那么这个行为就有调整一下的必要了。

客观地说，无论男人女人，偷看对方手机等通讯工具的初衷，都是因为太爱对方、太爱这个家，生怕对方有外心，他们的心理其实是很矛盾的——既希望自己能够发现点什么，又担心真的发现了什么，这样不但是对对方的不信任，也是对自己的不自信。生活经验告诉我们，手中的沙子抓得越紧，会流得越快。爱情和婚姻也是一样，越是想把爱情抓紧，越是得不偿失。用偷看手机里的隐私来测试夫妻感情的忠诚度，并非明智之举。

当你对另一半不放心时，手机就成了手雷。试想一下在超市里，你只是随意逛着，但是超市保安却一直紧盯着你，你一回头，他又马上看向别处,这种分明没做坏事却被人怀疑的感觉,想必是非常不好受的。要知道,不是每一个顾客在看不见的时候就会捡个小便宜,不是每一个老公(老婆)在看不见的时候就会偷情。婚姻建立在信任的基础之上,对另一半产生疑惑的时候,与其偷偷摸摸地做些小动作,不如开诚布公地谈一谈。

不要试图去考验爱人的真心

永远不要考验爱情,是不是真爱你只能用心感受。

不要总怀疑他的真心,不要以世人皆难的问题来考验疼爱你的人,因为它会深深地刺痛爱人的心。生活中并不是每个人都有机会证明自己的真心的,如果因为一个荒唐的考验,就对爱人心生芥蒂,那么这实在是一件令人遗憾的事。

楠和枫是一对恋人,枫常对楠说:"看我们的名字,就知道我们是注定要在一起的!我会永远爱你!"楠很幸福地拥抱着枫,觉得自己是世界上最幸福的女人。但在内心里楠对枫很不放心,枫高大帅气,最主要的是工作使他常会接触到一些年轻女孩,楠担心自己会失去枫。一天,楠的远房表妹来找她,说自己分到了未来姐夫的厂里,楠觉得这是一个考验枫是否忠贞的好机会。于是她就请求表妹装作不认识她,然后主动追求枫,看他是否动心,表妹答应了她的请求。一段时间后,表妹跑来找楠，告诉她枫真的很可靠，自己百般追求，都被他严辞拒绝了，楠终于松了口气，正当二人说笑时，门突然被推开了，一脸愤怒的枫就站在门外。枫宣布和楠分手，楠哭得死去活来，她知道自己有点过分，可这都是因为爱他啊！枫则恨恨地告诉朋友：楠根本没有资格这么做，她的做法让自己受到了侮辱，自己永远也不可能再原谅她！

　　一对爱侣竟然因为一场试炼爱情的游戏而分手，我们能说枫太过于小肚鸡肠吗？不！无论是谁遇到这种情况都会非常愤怒的。楠的做法可以理解，却无法让人原谅，她不信任爱人也轻视了爱情。要记住我们没有任何资格试炼爱情，只能真诚地守护它，不相信爱情的人，注定会伤害到自己。

妒 · 情绪
妒忌引起恶毒，恶毒又再度引起抑郁

我们都曾尝过忌妒的滋味，但我们从不愿承认自己是在忌妒。然而当我们被忌妒情绪控制时，我们就会行为失控表现失常，变得极具破坏性，在巨大的刺激中失去理性和善良，做出难以置信的蠢事。所以，不要被忌妒情绪占据你的大脑，当这种刺激折磨你时，最好的办法是提醒自己你此刻正与忌妒纠缠在一起，而不是对其做出反应。

为什么见不得别人比你好

在网上看到一个帖子：一个女人说，自己的闺密各方面都顺得不得了，本人漂亮，老公帅气又能干，孩子可爱，生活优越，很是让人羡慕，她就觉得心里有些不平衡。

忽然有一天，闺密面容憔悴，痛哭流涕，原来她老公出轨了。女人在安慰闺密的同时，心里油然生出一种"快慰"，她感到了"平衡"。

最后，她总结道：当自己遇到挫折的时候，千万不要对别人说，要打碎了牙往肚子里吞，免得在寻找别人的安慰的同时，安慰了别人。

人性中的忌妒，就像一把看不见的钢刀，不仅会刺瞎人的眼睛，还会刺瞎人的心，如果让人类的这种心态恶性循环下去，所有美好的东西都将成为忌妒的陪葬品。这种由偏狭、自私而萌生的忌妒显然是消极的。

小陈与小郑是某艺术院校大三的学生，同在一个宿舍。入学不久，两个人就成了形影不离的好朋友。小陈活泼开朗，小郑性格内向。小郑逐渐觉得自己像一只丑小鸭，而小陈却像一位美丽的公主，心里很不是滋味，她认为小陈处处抢自己的风头，心中暗暗恨着小陈。大四那年，小陈参加了学院组织的服装设计大赛，并获得了一等奖。小郑

CHAPTER 11 妒·情绪

妒忌引起恶毒，恶毒又再度引起抑郁

听到这一消息以后心中特别难受，便趁着小陈不在宿舍时将她的参赛作品撕成碎片。小陈回来以后，看到这种情况不知道该如何再与小郑相处，更想不通事情为什么会变成这个样子。

小陈与小郑从形影不离到反目为仇，这样的变化实在令人惋惜，而引起这场悲剧的根源只有两个字——忌妒。

客观地说，毫无忌妒心的人是没有的，忌妒是人的本性，在合理范围内可被视为正常反应。但如果让自己的内心充满妒忌，就可能导致行动不顾后果，做事缺乏考虑。所以哲人才一再提醒人们：您要留心忌妒啊，那是一个绿眼的妖魔！的确是这样，现实生活之中，忌妒作为一种病态心理危害极大。忌妒者往往不择手段，打击其忌妒对象，既有害自己的心理健康，又影响他人。

忌妒心理通常来自生活中某一方面的"缺乏"。你心里泛酸，不是滋味，是因为你想得到的东西被别人得到了，你因此失落，甚至认为是别人抢走了原本属于你的荣誉、利益、机遇等。这种感觉会扰乱你的生活，会让你被忌妒情绪所左右，并不断强化和持久这种情绪。

我们可以通过自我安慰式的洒脱来消除它的影响。在心里告诉自己：总会有新的机遇、新的朋友、新的美好在等待"我"，只要"我"愿意把握！这种自我安慰能够减少你的压力，让你将失利归咎于自己的失误，而不是别人的掠夺。

做人洒脱一点，活得就会更自由、更放松一点，当你发现自己被忌妒找上时，记得把心态从"缺乏"转移到"丰富"上，你就能够淡定了。

忌妒，是无能者的愤怒

一切忌妒的火，都是从燃烧自己开始。忌妒者内心充满痛苦、焦虑、不安与怨恨，这些情绪久久郁积于内心，会导致内分泌系统功能失调，心血管或神经系统功能紊乱，甚至破坏消化系统、血液循环系统的正常运行，会使大脑皮层下丘脑垂体激素、肾上腺皮质类激素分泌增加，使血清素类化学物质降低，引起多种疾病，如神经官能症、高血压、心脏病、肾病、肠胃病等，从而影响身心健康。所以，"忌"实为"疾"也。

其实，忌妒就是自寻烦恼，拿他人的成就来折磨自己，不能战胜对方，自己又不服输；不能超越对方，自己又不服气，于是就开始忌妒。忌妒说到底就是对自身的轻蔑。它清楚地告诉别人，自己是一个弱者，自己不如别人；忌妒又是为自己设下的羁绊，它会使自己深陷一种深深的痛苦之中，甚至落得个可悲、可怜甚至可笑的下场。

东汉末年，官渡一役令曹操声威大震。他先灭河北袁绍，又以不可挡之势先后灭掉几个大小诸侯，将刘备赶得几乎无处栖身，最后他又盯上了虎踞江东的孙权。曹操势大，诸葛亮遂提出联孙抗曹之论，刘备允之。于是，诸葛亮只身入东吴，舌战群儒、智激孙权，终于取

CHAPTER 11　妒·情绪

妒忌引起恶毒，恶毒又再度引起抑郁

得与东吴结盟。

诸葛亮在吴期间，东吴都督周瑜忌诸葛亮之才，一心想剪除其以绝后患，但均被诸葛亮洞察并一一化解，由此妒意愈深。

赤壁一战，凭诸葛亮、周瑜之智，得庞统、徐庶相助，火烧连环船，杀得曹军尸横遍野、血染江河，若不得关羽华容道义释，几近无一生还。得意之余，周瑜欲乘胜而进，吞并曹操在荆州的地盘，谁知却被诸葛亮捷足先登。周瑜不甘意欲强攻，又被赵云射回，自己还中了一箭。

此后，东吴几次追要荆州均无功而返，周瑜不禁心生一计，与孙权密谋假嫁妹，赚刘备入东吴，再图之。可惜，此计又未能逃过诸葛亮的眼睛，他授予赵云三个锦囊，最终使得周瑜"赔了夫人又折兵"。

终于，周瑜按耐不住，欲"借道伐虢"，一举灭掉刘备，却被深谙兵法的诸葛亮挡回，并书信一封讥讽周瑜。周瑜原本气量狭小，三气之下终于长叹一声"既生瑜，何生亮"，追随孙策而去。

历史学家提出，诸葛亮与周瑜平生并无交集，这是罗贯中先生为神化诸葛亮而杜撰的情节。史实如何我们且不去管它，然周瑜的一句"既生瑜，何生亮"却一直受到君子们的诟病，其原因就在于他没有一个正确的心态。面对才高于己的人，他不去谦虚讨教，以求他日赶超，反而去忌妒、去陷害，最终负了孙策昔日之托，大业未成便撒手人寰。

忌妒心强的人，一般自卑感较强，没有能力、没有信心赶超先进者，但却又有着极强的虚荣心，不甘心落后，不满足现状，所以看到第一个人走在他前面了，他眼红、痛恨；第二个人也走在他前面了，他埋怨、愤怒、说三道四；第三个人又走在他前面了，他妒火上升、坐立不安……一方面，他要盯住成功者，试图找出他们成功的原因；另一方面，忌妒又使得他心胸狭窄，戴着有色眼镜去看待别人的成功，觉得别人成功的原因似乎都是用不光彩的手段得到的，因而便想方设法去贬低他人，到处散布诽谤别人的谣言，有时甚至会干出伤天害理的事情来。这样做的结果，不但会伤害别人，同时也有损自己的人格，会毁掉自己的荣誉，事后又难以避免地陷进自愧、自惭、自责、自罪、自弃等心理状态之中，为此夜不成眠，昼不能安。

很明显，忌妒人正是因为己不如人。那么，我们为何不将忌妒化作一种动力，借助这股动力去弥补自身的不足，赶超比你强的人呢？将忌妒升华为良性竞争行为，忌妒者会奋发进取，努力缩小与被忌妒者之间的差距；而被忌妒者面临挑战，一般也不会置若罔闻，为保持和发展自己的优势地位，他们会选择迎接挑战，从而强化竞争。也就是说，忌妒可能会引发并维持一种现象，在良性竞争过程中，忌妒双方一变而为竞争的双方，互相促进，共同优化。

忌妒产生并促进良性竞争，从这个意义上说，嫉妒是一种很伟大的存在。但是，因忌妒而采取如此积极态度和行为的人实在太少，忌妒大量产生的是对立、仇视、攻击和破坏。古往今来，因忌妒导致的悲剧不在少数。无怪乎巴尔扎克发出感叹："忌妒潜伏在心底，如毒蛇潜伏在穴中。"

若想摆脱忌妒的控制，重拾快乐，成就卓越的人生，从现在开始，你就必须唤醒自己的积极心理，勇敢地向对手挑战。积极的忌妒心理必然产生自爱、自强、奋斗、竞争的行动和意识。当你发现自己正隐隐忌妒一个各方面都比自己优秀的同事时，你不妨反问自己——这是为什么？在得出明确结论以后，你会大受启示：要赶超他人，就必须横下一条心，在学习和工作上努力，以求得事业成功。你不妨借助忌妒心理的强烈超越意识去发奋努力，升华忌妒之情，建立强大的自我意识，以增强竞争的信心。

你应该时刻提醒自己：忌妒别人就证明自己不如别人，是在贬低自己，你为什么要做这种傻事呢？其实根本无须忌妒别人，将精力、时间、智慧集中起来做好自己的事情，你一定会从生活中得到自己的一份收获。

别因为忌妒做出愚蠢的举动

据外媒报道，一项新的研究表明，忌妒能让一个人视力降低，变得盲目。

美国特拉华大学的两位心理学教授组织了这一研究。他们发现，人在产生忌妒情绪时，他们的判断识别能力会明显下降，使他们的目光无法聚焦于正要寻找的目标，因此在选择时也会变得盲目。有30对情侣参与了这一研究，研究人员让男女分开，男性要在女友以外的女性中选出一位有好感的人；与此同时，要求女性对计算机中的画面进行记忆。结果显示，忌妒感越强的女性，对画面的认知度和记忆度越差，有些人甚至将"大树"看成"黑色的图纸"，发生"暂时性失明"。

有一对夫妇，他们的心胸很狭窄，总爱为一点小事争吵不休。有一天，妻子做了几样好菜，想到如果再来点酒助兴就更好了。于是她就到酒缸里去取酒。

妻子探头朝缸里一看，瞧见了酒中倒映着的自己的影子。她也没细看，一见缸中有个女人，以为是丈夫对自己不忠，偷着把女人带回家来藏在缸里，忌妒和愤怒一下子冲昏了她的头脑，她连想都没想就大声喊起来："喂，你这个混蛋死鬼，竟然敢瞒着我偷偷把别的女人藏在缸里面。你快过来看看，看你还有什么话说？"

丈夫听了糊里糊涂的，不知道发生了什么事情，赶紧跑过来往缸里瞧，看见的是自己的影子。他一见是个男人，也骂起来："你这个坏婆娘，明明是你领了别的男人回家，偷偷把他藏在酒缸里面，反而诬陷我，你到底安的是什么心！"

"好啊，你还有理了！"妻子又探头往缸里看，见还是先前的那个女人，以为是丈夫故意戏弄她，不由勃然大怒，指着丈夫说："你以为我是什么人，是任凭你哄骗的吗？你，你太对不起我了……"妻子越骂越气，举起手中的水瓢就向丈夫扔过去。

丈夫侧身一闪躲开了，见妻子不仅无理取闹还打自己，也不甘示弱，于是还了妻子一个耳光。这下可不得了了，两人打成一团，又扯又咬。

最后闹到了官府，官老爷听完夫妻二人的话，心里顿时明白了大半，就吩咐手下把缸打破。一个侍卫抡起大锤，一锤下去，酒从被砸破的大洞汩汩流了出来。不一会儿，酒流光了，缸里也就没有人影了。

CHAPTER 11 妒·情绪
妒忌引起恶毒，恶毒又再度引起抑郁

夫妻二人这才明白他们忌妒的只不过是自己的影子而已，心中很是羞惭，于是就互相道歉，又和好如初了。

我们遇到怀疑的事，不宜过早下结论，要客观、理智地去分析，只有如此，才能够了解真相，尤其在生气的时候。不能像故事中的这对夫妻见到自己的影子便破口大骂那样，要冷静地思考分析，不能被忌妒心冲昏了头脑而伤了和气。

忌妒心会使一个人的思维变得狭窄，而做出愚蠢的决定和举动。如果忌妒已然让人杯弓蛇影，草木皆兵，那未免有些太过可笑。上面这件事看似笑话，却引人深思。如果我们因为忌妒而猜疑，因忌妒而过早下结论，那么，或许就永远无法了解事情的真相了。

请放过他的前女友吧

女人最喜欢问男人的问题，除了"你爱我吗？""你到底喜不喜欢我？"外，最常见的大概就是，"我跟她，你更喜欢谁？""是我漂亮还是你前女友漂亮？"如果男人回答她最美、他最爱她，那还好；而一旦男人回答错了，或者回答得不能令她满意，那就不妙了。

恋爱中的人，每个人都希望自己是他（她）的第一任。如果不是，就会觉得这段感情不够完美。可是生活中太完美的东西往往是不太可

· 231 ·

能存在的，并且美好的东西，都是从失败中一次次积累且吸取经验的。

比如说男人。一个男人如果从没谈过恋爱，他不会在爱情中变得成熟，而他今天对你的好，都是从以前的几次经验中吸取来的，所以在谈恋爱的时候，你不要去忌妒他的旧情人。

振东在大学时就和同班同学佳凝谈起了恋爱，两个人的感情一直很稳定，可是大学毕业后，佳凝留学去了美国，振东考虑到自己的事业在国内更有前途，所以根本就没有去国外的打算，而佳凝又不想很快回国，所以两个人经过协商，友好地分手了。

一次偶然的机会，一名叫佟可可的女护士闯进了振东的视线，经过长时间的观察，振东发现佟可可虽然只是中专毕业，但是人长得很漂亮，而且为人热情、大方、善良而又有耐心。他觉得这种女孩非常适合做自己的妻子，因为自己是个事业狂，如果能够娶到佟可可这样的女孩做妻子，她肯定能成为自己发展事业的好帮手。于是在他的狂热追求下，佟可可终于成了他的恋人。

为了避免不必要的麻烦，振东从未对佟可可说起过自己和佳凝的那段恋情。而振东和佟可可的感情也越来越好，甚至到了谈婚论嫁的地步。也正如振东所料，佟可可果然对他的事业帮助很大，休班的时候，佟可可总是到振东的住处帮助他打扫房间、洗衣、做饭，有时还帮助他查阅、打印资料。

可是，有一天，振东的一位大学同学从外地来这里出差，晚上在饭店为老同学接风的时候，振东带佟可可一起去了。久别重逢，振东和那位老同学喝得有点过了，那个老同学忘记了佟可可在场，对振东说，他们这些老同学都对振东和佳凝的分手感到十分遗憾，因为佳凝

CHAPTER 11　妒·情绪

妒忌引起恶毒，恶毒又再度引起抑郁

是那么才华横溢，将来肯定能在事业上大有作为，老同学原本都以为他们俩是天造地设的一对，在事业上一定会是比翼双飞。

虽然那位老同学也说，今天见了佟可可后，也就不会再感到遗憾了，因为佟可可的漂亮和善解人意都是佳凝所无法比拟的。但是这丝毫没有减轻佟可可心中的痛苦，她第一次知道在自己之前，振东还有过一个聪明而有才华的女朋友，尤其是那个女朋友还比自己优秀得多：她比自己学历高，而且还去了美国留学。在佟可可看来，振东之所以要对自己隐瞒这段感情，一是因为佳凝出国而抛弃了他，他出于一个男人的自尊而不愿意对自己提起；二是因为他至今都忘不了佳凝，而自己则完全是振东用来掩饰心灵创伤的一张创可贴罢了。她为自己成了佳凝在振东心中的替代品而感到可悲。

所以那天回来后，佟可可跟振东大闹了一场，尽管振东百般解释自己是一心一意地爱着她的，至于佳凝，那完全属于过去，自己对她真的已经没有爱的感觉了，但是佟可可的心中还是从此产生了疙瘩，在以后两个人交往的过程中，佟可可处处自觉或不自觉地拿佳凝来说事，有时候让振东防不胜防。有时振东夸佟可可几句，她就猛地来上一句："你以前是不是也常常这样夸佳凝？"如果有时候佟可可什么事情没做好，振东向她提意见，她常常反唇相讥："对不起，我就是这种水平，谁叫你放走了才女，而交了我这个低学历、没本事的女朋友呢，后悔了吧！"

一次，振东要去美国出差，佟可可一边帮他收拾行李，一边问："就要见到佳凝了，心情一定很激动吧？"当时振东正急着整理去美国要用的一些资料，就没顾得上搭理佟可可，这让佟可可更加误会了，她又说："好马也吃回头草，如果现在佳凝还是一个人的话，你们这次就在美国破镜重圆了吧。"

终于，振东忍不住了，大吼道："这件事过不去了是吗？那么我们分手吧！"第二天，振东便去了美国，而佟可可火速地认识了一个男朋友，后来，她对振东说："我现在的男朋友各方面都不如你，我这么急着另找一个人，也是为了逼自己坚决离开你，我必须自己断了自己的回头之路。"

然而，嫁给了这个各方面都不如振东的男人以后，她的日子过得并不好。

这个世界上，毫无根据地乱猜测、瞎着急、爱吃醋的女人其实是很多的，但她们显然没有意识到这是一种毫无理智的行为，乃至于慢慢将其养成一种习惯，导致这种心态愈演愈烈：他和前任还是朋友，你撕心裂肺；他的眼睛在你闺密身上停留了一下，你妒火中烧；他一提起某个女同事就满面红光，你恨不得去抽那个"妖精"……妒火一旦被点燃，你就会逐渐失去理智，每当想起那个"情敌"，强烈的威胁感便如狂风骤雨般向你袭来。

其实，适度的忌妒心是人之常情，也是爱情的调味料。一点小小的吃醋，会让男人觉得自己被女友重视，但是，过分的忌妒就会让男人感到无限压力。所以别用忌妒吓跑他。

CHAPTER 11 妒·情绪

妒忌引起恶毒，恶毒又再度引起抑郁

女人何苦总是为难女人

有一首歌，叫《女人何苦为难女人》，说的是女人间为男人而产生的情感纠葛。其实何止是情敌般的敌视，抛去自古有之的婆媳问题不说，女人为难女人的事可真不少见。说实话，女人未必真的就会将女人怎样，但我看你不顺眼，明里暗里冷嘲热讽倒是再常见不过了。另外，女人多半是有同情心的，所以女人看不顺眼的女人，一般来说都不是弱者，常常是女人中的佼佼者。我们常见到这样的现象，一个女人若自小便超然脱俗，那么她通常是不会有什么真正的朋友的。

女人间的这种酸气弥漫在我们生活的每一个角落：

一个女人如果工作能力太强，那么别的女人就会认为她"强势"或"蛮横"，她们会说："这样的女人应该没有几个男人受得了吧。"与此同时，她们甚至还会私底下同情起她身边的男人，而如果她的婚姻真的出现了问题，那么这些人便觉得理当如此——谁让她那么强势呢？自作自受！

一个女人如果拥有很高的学历，那么别的女人就会不由自主地觉得她一定很傲慢，即使那只是一种应有的自信，但在她们看来那也是傲然。

一个女人如果含着金汤匙出生，那么不管她为自己的人生付出多么大的努力，她都会被说成是一个不知民间疾苦、没有能力的千金小姐，而她今天所拥有的一切，都是"得益于家庭"。

一个女人如果离了婚，无论谁对谁错、是什么原因，在别的女人看来，那几乎就是一桩丑闻，是女人不可抹去的耻辱——她一定有什么不可容忍的缺点，才会让人家给休了吧。

英国牛津大学有个女博士，在知名益智节目中过关斩将，打破了个人答题数最多的纪录，红遍全国，被誉为"全英最聪明的女性"。但这位女孩的精彩表现也招来了许多攻击，有人说她爱表现，有人说她自恃聪明的笑容令人讨厌，有人骂她臭婆娘，有人说她狂妄自大……值得注意的是，骂她的人几乎清一色都是女性。针对这一点，女孩说，她非常讶异。

凡此种种无一不说明，对于女人抱持着高度敌意的恰恰就是女人！事实上，古往今来，女人之间的明争暗斗、争风吃醋甚至狠下毒手已然屡见不鲜。在古代，女人们因为没有独立的经济能力，依附在丈夫身上，所以对女人而言，丈夫就是天、是一切，她们一生以及最高的追求就是得到丈夫的宠爱。出于这个原因，女人与女人之间为了争宠而展开的争斗可谓触目惊心，其实在这场"不是你死就是我亡"的战争中，获胜的那个女人也未必就能笑到最后。她们往往也因此耗尽了体力和心力，而忘了幸福的滋味。

现如今的女人，看似越来越独立，甚至越来越强势，可这些并没有改变女人骨子里的善妒，一如顽固的脚气，一有适宜的温度和土壤它就又冒出来。当然，我们这样说或许有些绝对，的确也有一些美貌

CHAPTER 11　妒·情绪

妒忌引起恶毒，恶毒又再度引起抑郁

与智慧俱佳的女人，她们在看到比自己出色的女人时，或许也有那么一瞬间的妒忌，但她们懂得调节自己的心态，能够很快地以积极的想法去面对比自己更优秀的女人，主动去吸取她们身上的优点和精华，从而更好地修炼自己。如此一来，既愉悦了别人又提升了自己，世上多了一份和谐与美妙，于人于己都有裨益。

其实那些女人花了许多时间攻击别人，往往只是为了不要让自己相形见绌，心里好过一点而已。她们不愿意承认自己羡慕别人，而非要去攻击别人的优点，使得自己可以理所当然地维护自己的缺点。但切记，否定他人优点，自己无法成长，只会变得越来越差；常对一件好事进行负面解析，就会不自觉地避开让自己积极进化的可能。女人们，何不敞开心扉，去羡慕那些聪明美丽的女人，然后努力提升自己，找到自己的优势所在，做一个自信的魅力女人呢？！

能够欣赏别人，就是战胜了自己

有一个俄国农人，他的邻居家里有一头牛，因而比他稍显富裕。有一次，这位农人救了一条神鱼，神鱼答应满足这个农人的任何一个心愿。这位农人指着邻居家说："他比我富裕，就是因为他家有一头牛。"神鱼以为自己明白了农人的意思，就说："这好办，我给你十头牛。"哪知农人咬牙切齿地说："不，我不要你的牛，我要你把他家的那头牛杀死。"这是很典型也极不正确的应对忌妒的方式——不是通过让自己变得比别人更好来缓解忌妒，而是通过打压别人来寻求心理的平衡。如果说，忌妒这种情感与道德关系不大，而这种行为就大大地与道德相关了。

其实，因为忌妒见不得别人好在一定程度上可以理解，但我们要将其有效地转化为奋斗的动力，而不是嫉恨的"源泉"。我们应该尝试着放下累赘，带着祝福的心，欣赏别人的风景，憧憬自己的梦。

如果能够懂得欣赏别人而不是忌妒别人，那么在把慰藉和力量给予别人的同时，我们也把激励和鞭策给了自己。因为在欣赏别人的过程中，我们也能以人为镜，看到自己的不足，找出差距，从而不断提高素质能力和修养水平。

学会欣赏别人，我们就不会活在别人的影子里，而能在欣赏的过程中得到升华，在欣赏中思考自己、寻找自己、正视自己、修正自己。善于理智欣赏别人的人，总会得到更多人的欣赏和帮助，创造一个更适合个性发展的宽松、和谐又布满人情味的人际环境。

林先生与丁先生从小到大，是无话不说的好朋友。大学毕业几年之后，机缘巧合之下，两人先后进入了同一家公司工作。

由于丁先生早一些进入这家公司并且工作出色，因此在林先生熟悉公司业务的时候，丁先生经常带他，跟他讲解公司的规章制度，以及相关业务的操作流程。慢慢地，林先生熟悉了公司的业务，半年以后，他的业绩竟然超过了老同学丁先生。

作为公司的骨干人员，丁先生一下子就感觉到了巨大的压力，埋

CHAPTER 11 妒·情绪
妒忌引起恶毒，恶毒又再度引起抑郁

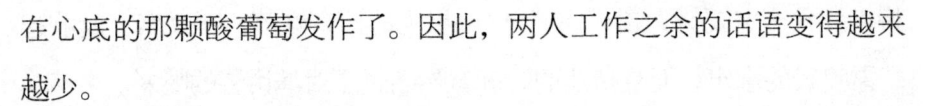

在心底的那颗酸葡萄发作了。因此，两人工作之余的话语变得越来越少。

林先生看出了老朋友的心病，于是决定帮他放下内心的包袱，所以时不时地就约他出来钓鱼。其间，林先生试探性地跟丁先生谈到工作上的事情，并且从自己的角度，给他提了几点建议。丁先生心里自然十分清楚，老朋友是真心想缓和两人之间的紧张关系，很快两个人又和好如初了。

在年终考核的时候，丁先生的业绩十分突出，同事都对他心服口服。这个时候，部门经理的职位空缺，最终，丁先生通过竞争上岗得到了部门经理的位置。

现在两个人都互相帮助，共同享受着并肩作战的成就与快乐。

丁先生理性地调整自己的心态，克服了自己的忌妒心理，才让自己的友谊与事业都得到了发展。

会欣赏别人的人心胸宽广，即使心里也曾忌妒过，但终究可以战胜忌妒心。极度的忌妒者，他们忍受不了别人的成功，一切美好的东西都会引起他们的仇恨，他们忌妒别人的才能，忌妒别人的名誉，忌妒别人的地位，忌妒别人的财富，由忌生恨，从而使自己一直困在负面情绪之中。

每个人都有自己的长处，也都有自己的短处，何必非要纠结于一时之长短呢？看到别人比自己优秀，就努力去超越，脚踏实地地把自己的事做好比什么都强。

一次，一位成功学讲师在做了一番精彩演讲之后，有位男士从听众席上站了起来。他说："我很敬佩你，而作为男人，我也很忌妒你，将来，我一定要努力超过你。"这位男士的话音刚落，听众席上就响起了雷鸣般的掌声，而且持续的时间竟然超过了对演讲者的喝彩。

这是对人性的赞美和鼓励——既然人人都会忌妒，那我们就需要把它当成一种存在来尊重；表达一种不太光彩的情感，这种勇敢本身就是一种可贵的能力。而更重要的是，人性还有着另外一种品质，那就是永不服输的雄心壮志。后者的光辉，足以照亮前者的阴暗。

能够欣赏别人，就是战胜了自己。当你察觉到自己的心中出现了忌妒情绪时，不妨对自己说："我比不过你，我欣赏你还不可以吗？但我将来一定要努力超越你。"你如果能够一直这样对自己说，并且一直这样做，你会越发勇敢而强大。

嫉妒伤人，其实也伤自己

有的人以为只是嫉妒一下没什么大不了，可是却不知嫉妒如果不加以控制，走了极端，可是会让人失去理智，犯下大错的。

秦朝的李斯集大学者、大权谋家、大政治家于一身，可是偏偏有着一副嫉妒心极强的个性。

李斯是个非常有能力的人，韩非子是他的师弟，在出师的时候，他们的老师当面说李斯的才能超过韩非，但暗地里却警告韩非："李斯

CHAPTER 11　妒·情绪
妒忌引起恶毒，恶毒又再度引起抑郁

为人善妒，他的才能不如你，但是我之所以说你不如他，是不想让他因此嫉妒你，免得以后对你不利。你以后一定不能和他共事，否则难免惹祸上身。"

可是韩非并没有把老师的话放在心上，后来投奔秦始皇，因其才能而被秦始皇器重，引来了李斯的嫉妒。李斯屡次在秦始皇面前进谗言，秦始皇有一次发怒把韩非关了起来，李斯趁机谋害了韩非，等秦始皇后悔要把韩非放出来时，韩非已经成了一具冰冷的尸体。

对于与自己意见相左或是才干比自己强的人，李斯总是会想办法对付他的。淳于越也是一个有才干的人，他一再上书坚持实行分封制，激怒了秦始皇，秦始皇把他交给李斯处理，而李斯审查的结果，却非常奇怪：认为淳于越泥古不化、厚古薄今、以古非今等罪状都是由于读书，尤其是读古书的缘故，竟建议秦始皇下令焚书。

按李斯的建议，凡秦记以外的史书，凡是博士收藏的诗、书、百家语等书都要统统烧掉，只准留下医药、卜筮、种树之书。此后，如果有人再敢谈论诗书，就在闹市区处死，并暴尸街头；有敢以古非今的人，全族处死；官吏知道而不检举者，与之同罪；下令三十天内仍不烧书者，面上刺字，并征发修筑长城。

毫无疑问这是对中国文化的一次大摧残，也是对人类文明的一次极大的污辱。第二年，即公元前212年，秦始皇又下令将咸阳的儒生460多人活埋，即为"坑儒"事件。

李斯这么做，固然是为了迎合秦始皇的心理，把秦始皇要做的事推向极端；但另一方面，李斯也是为了从精神到物质上彻底消灭自己的竞争对手，使天下有才之士望秦却步，他也就可以独行秦廷了。

公元前210年，秦始皇病死于出巡途中，赵高和李斯串通掌握大权，害死了太子扶苏，令胡亥即位。赵高和李斯本是互相利用的关系，后来勾心斗角、排除异己也就成为必然。李斯平时不善结交，没什么人缘，关键时刻也没有人来帮他，后来就被赵高陷害下狱了。最后，李斯被在面上刺字，再割去鼻子，再截去左右趾，然后被杀，最后又从腰中斩断，砍为肉泥，其余族党一并处斩。

纵观李斯的一生，他为秦始皇统一六国出谋划策，为建立县制力驳群儒，其功劳不可埋没。但是他的一生同时也是劣迹斑斑，害死韩非，促成"焚书坑儒"，他的嫉妒、贪婪是其悲惨结局的罪魁祸首。

嫉妒对自己本身的伤害，正如铁锈对钢铁的伤害一样，不是别人给自己的伤害，而是自给自己的。其实，嫉妒的杀伤力远超过我们的想象。

嫉妒心强的人永远不会是个胜利者，更重要的是，他永远不会超越自己所嫉妒的人，因为嫉妒往往来源于和他人的比较中，一旦认为他人在某些方面比自己强，便会时刻想着如何打击、诋毁他人，这样的人不可能专注于自己的事业，而会把所有的精力都放在关注他人的一举一动上。那个被他所嫉妒的对象就像一根长在心头的刺，这个刺成了他生活的重心，他因此而无法掌控自己的人生方向。与其说是别人的成功妨碍了他，倒不如说是他自己的关注点发生了偏离，自愿从生活轨道上滑落而自毁前程。

CHAPTER 11 妒·情绪

妒忌引起恶毒，恶毒又再度引起抑郁

豁达一点，就算是对手也喝彩

一直以来，在国人的意识中，喝彩永远是送给亲人、朋友或是英雄的，我们身边的人很少、几乎是没有人，能够为对手发出由衷的赞叹。当然，这似乎也在情理之中，因为能够做到如此大度的人毕竟只是少数。但是，如果你做到了，你就一定会赢得众人的尊重，你的人格亦会随之进入一个更高的层次。

当年乔丹在公牛队时，年轻的皮蓬是队里最有希望超越他的新秀。年轻气盛的皮蓬有着极强的好胜心，对于乔丹这位领先于自己的前辈，他常常流露出一种不屑一顾的神情，还经常对别人说乔丹哪里不如自己，自己一定会把乔丹击败一类的话。但乔丹没有把皮蓬当作潜在的威胁而排挤他，反而对皮蓬处处加以鼓励。

有一次，乔丹对皮蓬说："你觉得咱俩的三分球谁投得好？"

皮蓬不明白他的意思，就说："你明知故问什么，当然是你。"

因为那时乔丹的三分球成功率是 28.6%，而皮蓬是 26.4%。但乔丹微笑着纠正："不，是你！你投三分球的动作规范、流畅，很有天赋，以后一定会投得更好。而我投三分球还有很多弱点，你看，我扣篮多用右手，而且要习惯地用左手帮一下。可是你左右手都行。所以你的进步空间比我更大。"

这一细节连皮蓬自己都不知道。他被乔丹的大度给感动了,渐渐改变了自己对乔丹的看法。虽然他仍然把乔丹当作竞争对手,但是更多的是抱着一种学习的态度去尊重他。

一年后的一场 NBA 决赛中,皮蓬独得 33 分(超过乔丹 3 分),成为公牛队中比赛得分首次超过乔丹的球员。比赛结束后,乔丹与皮蓬紧紧拥抱着,两人泪光闪闪。

而乔丹这种"甘为竞争对手喝彩"的无私品质,则为公牛队注入了难以击破的凝聚力,从而使公牛王朝创造了一个又一个神话。

对手,是你前进的动力;是你懈怠之时激你奋进的良朋;是你成功之时,令你不敢忘形、虚心前进的警钟。所以,你应该感谢对手,更应该学会欣赏对手的长处,懂得为对手去喝彩。

纵览古今中外,有多少人因为"没有对手",进而狂妄自大、不思进取,最终被淹没在历史的尘流之中!西楚霸王项羽,力拔山、气盖世,统众诸侯,俾睨天下,莫与争锋,终因不听谋士言,小觑刘邦,落得个乌江自刎的下场;世界重量级拳王泰森,职业生涯击败过无数对手,却为鲜花和掌声所麻痹,最终身陷囹圄。他们的失败,只能说是败给了自己,因为在他们眼中,已然再没有对手。

所以,请不要痛恨、嫉妒你的对手,因为没有对手,你将极易在狂妄中迷失,在自满中堕落。退一步说,倘若没有对手,你的成功又有什么值得炫耀?它还会令你如此兴奋吗?

一个能够衷心为对手喝彩的人,必然有着寻常人难以企及的平常心,能够看淡自己的成败得失,由此才能正视对手的长处及成功,并从内心深处荡起一股真诚的赞叹。这——不正是千百年来人们一直追求的人生臻境吗？然而，却有很多人抱持着一颗世俗的心，一次次地与这臻境失之交臂。

事实上，在现实生活中，很多人往往习惯于将自己的失败归咎于对手。可是败了就是败了，我们为何还要让嫉妒在心中滋生？为何不能正视自己的失败，转而由衷地为对手喝一声彩呢？

对手于我们而言，是风、是雨，虽然会带给我们些许痛苦，但风雨过后，多是绚丽的彩虹！对手于我们而言，是敌、是师、亦是友，没有他，就没有你的彩虹！因为是对手成就了你的另一只手，即你成功的援助之手！

所以，请为你的对手喝彩，即便只是一个拥抱、一次握手、一段言语、一个眼神……相信都会给你带来另一种光彩。